Duden

Einfach klasse in Mathematik

4. Klasse

Wissen • Üben • Können

Dudenverlag
Mannheim • Leipzig • Wien • Zürich

Quellenverzeichnis

Einfach klasse in Mathematik 2. Klasse,
Bibliographisches Institut & F. A. Brockhaus AG,
Mannheim: S. 111 (Metermaß, Uhr)

Basiswissen Grundschule Mathematik,
Bibliographisches Institut & F. A. Brockhaus AG,
Mannheim: S. 48 (Geodreieck, Zirkel), S. 111 (Lineal, Zollstock, Gewicht)

MEV Verlag, Augsburg: S. 111 (Münzen)

Duden-Schülerhilfen: Fit für die Fünfte – Mathematik,
Bibliographisches Institut & F. A. Brockhaus AG,
Mannheim: S. 112 (Drache, Windrad)

Bibliografische Information der Deutschen Nationalbibliothek
Die Deutsche Nationalbibliothek verzeichnet diese Publikation in der Deutschen Nationalbibliografie; detaillierte bibliografische Daten sind im Internet über http://dnb.ddb.de abrufbar.

 D C B A

Redaktionelle Leitung: Katja Schüler
Redaktion: Daniela Brunner
Autorinnen: Ute Müller-Wolfangel, Beate Schreiber und Silke Heilig

Herstellerische Leitung: Claudia Rönsch
Layout und Herstellung: Petra Bachmann, Weinheim
Illustration: Barbara Scholz und Tom Breitenfeldt
Umschlaggestaltung: Mischa Acker

Satz: tiff.any GmbH, Berlin
Druck und Bindung: Kösel, Altusried-Krugzell

Printed in Germany
ISBN-13: 978-3-411-72711-7
ISBN-10: 3-411-72711-X

Jetzt gehts los!

In diesem Buch findest du die wichtigsten Inhalte des Mathematikunterrichts in der 4. Klasse. Es ist in fünf große Kapitel aufgeteilt. Du erkennst sie an den kleinen Bildern in der Kopfzeile:

 **Zahlen und Grundrechenarten**

 **Raum und Form**

 **Muster und Strukturen**

 **Größen und Messen**

 **Daten und Sachsituationen**

Die Kinder auf diesen kleinen Bildern begleiten dich durch den ganzen Band. Sie zeigen dir, dass es beim Lernen nicht viel anders zugeht als im Sport. Wer eine Sportart richtig gut beherrschen will, muss die wichtigsten Techniken und Spielregeln kennen und dann viel üben und trainieren. Schnell wirst du merken, dass du Fortschritte machst und dir immer mehr gelingt.

Wissen
Üben
Können

Wenn du alle Übungen einer Doppelseite gelöst und mit dem **Lösungsheft** überprüft hast, kannst du das **Daumenkino**-Bild am rechten Seitenrand ausmalen. So behältst du immer den Überblick darüber, welche Seiten du schon bearbeitet hast.

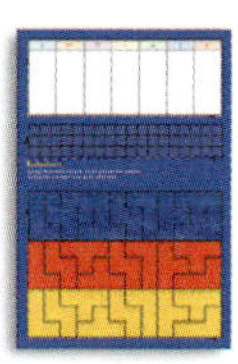

Beim erfolgreichen Training unterstützen dich das **Lernwerkzeug** auf der hinteren Ausklappseite und die Liste der wichtigsten **Fachbegriffe**, die du im Anhang findest.

Außerdem findest du das wichtigste Regelwissen zum Wiederholen und schnellen Nachlesen als **Leporello** für die Hosentasche.

Inhaltsverzeichnis

Inhaltsverzeichnis

Arbeitstipps

Der Arbeitsplatz

- Suche dir einen ruhigen Arbeitsplatz.
- Achte auf gutes Licht und frische Luft.
- Stelle dir etwas zu trinken bereit.
- Sorge für einen aufgeräumten Arbeitsplatz.
- Lege deine Arbeitsmaterialien bereit.

Die Arbeitsweise

- Finde deine beste Übungszeit heraus.
- Übe regelmäßig.
- Suche dir aus, was du üben willst.
- Teile dir den Übungsstoff gut ein:
  nicht zu viel und nicht zu wenig.
- Gehe gut gelaunt ans Üben.
- Arbeite konzentriert.
- Vergiss die Pausen nicht.
- Überprüfe deine Ergebnisse.
- Freue dich über deinen Erfolg.
- Zeige anderen, was du geleistet hast.

Übungstipps

Zahlen und Grundrechenarten

- auf Papier einen Rechenstrich aufmalen
- Fachbegriffe lernen
- das kleine Einmaleins auf Schnelligkeit trainieren
- mit drei und mehr Würfeln drei- und mehrstellige Zahlen bilden und der Größe nach vergleichen
- Zahlen im Zahlenraum bis 1 000 000 diktieren lassen

Raum und Form

- Formen in der Umwelt suchen und abmalen oder fotografieren
- eine Streichholzschachtel mit sechs verschiedenen Farben anmalen und als Netz auseinanderschneiden und abmalen
- mit dem Zirkel Rosetten zeichnen
- symmetrische Figuren in der Umwelt entdecken
- symmetrische Figuren mit dem Geodreieck zeichnen
- das Alphabet aufschreiben und in jeden Buchstaben alle Symmetrieachsen einzeichnen

Muster und Strukturen

- Muster erfinden und auf kariertes Papier zeichnen
- Muster abzeichnen (z. B. Fliesenmuster)
- eine Geheimsprache mit Zahlen erfinden
- Sudokus lösen

Größen und Messen

- mit dem Metermaß Gegenstände abmessen und aufschreiben
- Gewichte von Gegenständen schätzen und abwiegen
- Größe und Körpergewicht der Familienmitglieder feststellen und aufschreiben
- Zeitdauer schätzen (z. B. 1 Minute auf einem Bein stehen)
- Flüssigkeiten in verschiedene Gefäße schütten, die Menge schätzen und mit einem Messbecher überprüfen

Daten und Sachsituationen

- Strichlisten führen: Autos zählen (nach Farbe, Automarke, Kennzeichen …), Bücher zählen (nach Größe, Farbe, Inhalt …)
- die Hausaufgabenzeiten eine Woche lang notieren und in einem Diagramm darstellen

Zahlen aufschreiben und vergleichen

Wissen und Verstehen

Unser Zahlensystem ist ein **Zehner-Stellenwertsystem.**

10 Einer werden zu einem Zehner,
10 Zehner zu einem Hunderter,
10 Hunderter zu einem Tausender,
10 Tausender zu einem Zehntausender,
10 Zehntausender zu einem Hunderttausender und
10 Hunderttausender zu einer Million gebündelt.

In eine **Stellenwerttafel** werden Zahlen **stellengerecht** eingetragen.

So sieht eine Stellenwerttafel für die Zahlen im Zahlenraum bis 1 000 000 aus.

Million (M)	Hundert-tausender (HT)	Zehn-tausender (ZT)	Tausender (T)	Hunderter (H)	Zehner (Z)	Einer (E)
0	8	3	7	0	3	6

Stellengerechtes Aufschreiben von Zahlen ist bei Aufgaben zu den schriftlichen Rechenverfahren besonders wichtig.

Üben

1 Schneide das Rechenbrett von der Ausklappseite aus und lege zuerst die Zahlen. Schreibe die Zahlen dann in die Stellenwerttafel.

Zahl	M	HT	ZT	T	H	Z	E
213 124							
466 794							
530 611							
901 783							
887 302							
127 384							
602 960							
1 000 000							

Üben 2 Schreibe die Zahlwörter auf.

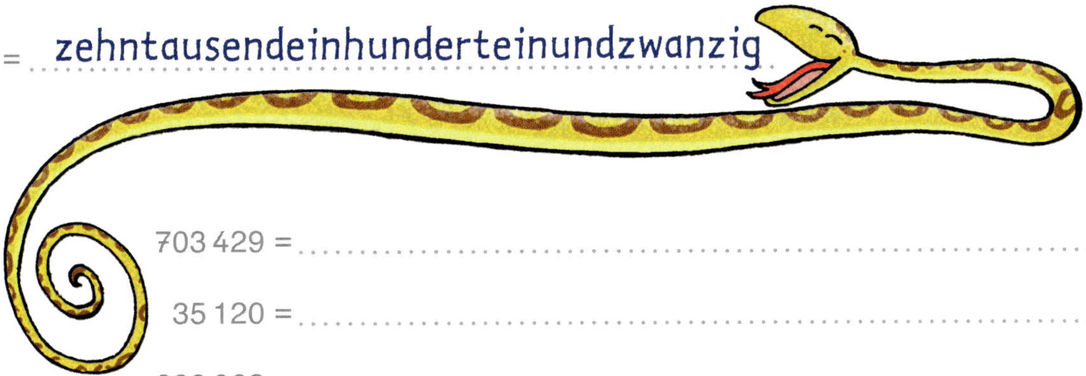

10 121 = zehntausendeinhunderteinundzwanzig

703 429 = ...

35 120 = ...

688 062 = ...

Üben 3 Setze <, > oder = ein.

267 986 > 267 896

808 201 ◯ 808 210

544 166 ◯ 554 166

98 589 ◯ 121 820

die Hälfte von 650 200 ◯ das Doppelte von 325 100

der Vorgänger von 165 430 ◯ der Nachfolger von 165 420

7 · 8 + 120 000 ◯ 300 000 : 3 + 170

12 · 10 + 10 000 ◯ 50 600 : 5

Üben 4 Ergänze die fehlenden Zahlen.

Nachbar-tausender	Zahl	Nachbar-tausender
645 000	645 241	646 000
	7 410	
	90 623	
	239 988	
	6 209	
	16 084	

Nachbar-zehn tausender	Zahl	Nachbar-zehn-tausender
640 000	645 241	650 000
	17 410	
	90 623	
	239 988	
	176 597	
	899 465	

Zahlen aufschreiben und vergleichen

Üben 5 Schreibe die Zahlen auf und ordne sie nach der Größe.
Beginne mit der kleinsten Zahl.

Die kleinste Zahl mit 6 Stellen.
Die größte Zahl mit 6 Stellen.
Die kleinste ungerade Zahl mit 5 Stellen.
Die größte gerade Zahl mit 5 Stellen.

....

.... < .... < .... < ....

Üben 6 Vergleiche die Besucherzahlen der Veranstaltungen miteinander.

Veranstaltung	Besucherzahlen
Stadtfest	252 480
Fußballspiel	49 863
Popkonzert	221 846
Frühlingsmesse	590 425
Blumenausstellung	12 074

Veranstaltung	Besucherzahlen
Kunstausstellungen	63 815
Radrennen	109 638
Theatervorstellungen	21 579
Wandertage	8 975
Sommerfest	70 186

Welche Veranstaltung hatte die meisten Besucher?

....

....

Welche Veranstaltungen hatten weniger als 25 000 Besucher?

....

....

Welche Veranstaltungen hatten mehr als 100 000 Besucher?

....

....

Welches war die viertgrößte Veranstaltung?

....

....

Wissen und Verstehen

Zahlen können auch an einem **Zahlenstrahl** dargestellt werden.

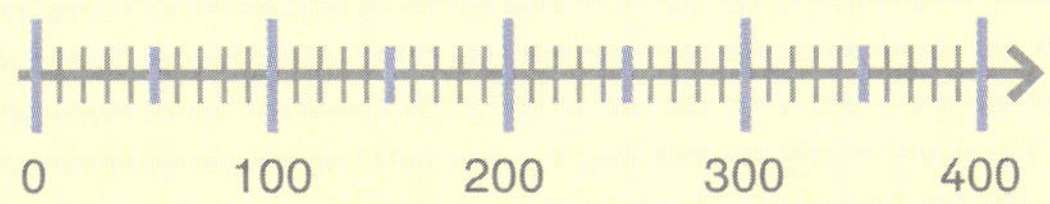

Auf einem Zahlenstrahl hat jede Zahl ihren festen Platz. Die Zahlen sind hintereinander (von links nach rechts) der Größe nach geordnet.

Üben 1

Lies die Zahlen ab und schreibe sie auf.

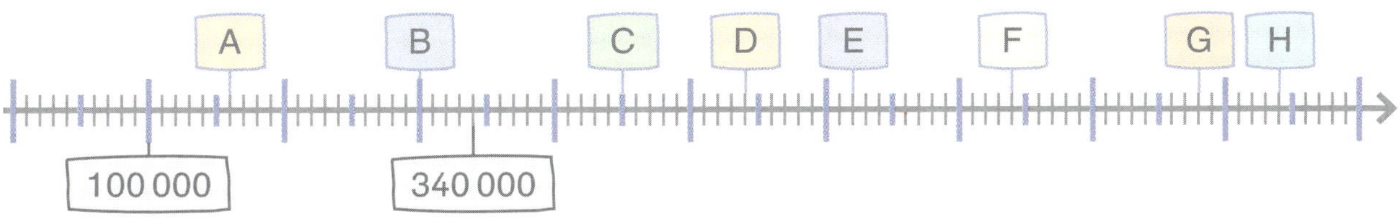

A = 160 000 ……………… B = ……………… C = ……………… D = ………………

E = ……………… F = ……………… G = ……………… H = ………………

Üben 2

Verbinde die Zahlen mit ihrem Platz am Zahlenstrahl.

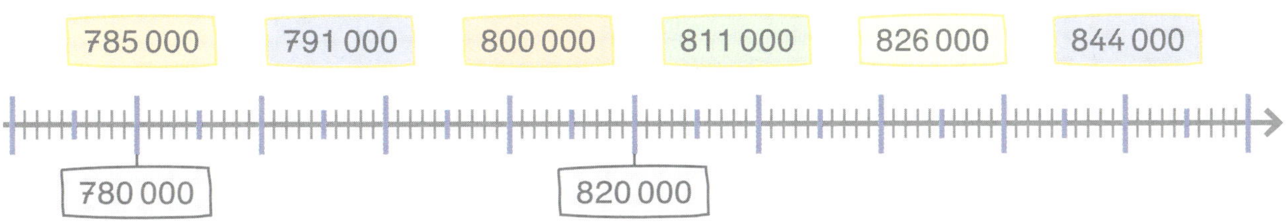

Zahlen einmal anders

Extrarunde

Große Zahlen können auch mit Zeichen ohne Ziffern dargestellt werden.

🚹 steht für 100 000 Personen

🚹 steht für 10 000 Personen

🚹 steht für 1 000 Personen

Stelle die Einwohnerzahl von Hamburg mit den Zeichen dar: 1 745 000.

Zahlen runden

Wissen und Verstehen

Wir **runden ab** bei: 0, 1, 2, 3, 4.
Wir **runden auf** bei: 5, 6, 7, 8, 9.

Du kannst eine Zahl ab der Zehnerstelle auf jeder höheren Stelle runden.
Die Rundungsregel gilt für die Zahl, die rechts neben der Stelle steht, die gerundet werden soll.

373 582 gerundet ≈

– auf der Zehnerstelle (Z):	373 580
– auf der Hunderterstelle (H):	373 600
– auf der Tausenderstelle (T):	374 000
– auf der Zehntausenderstelle (ZT):	370 000
– auf der Hunderttausenderstelle (HT):	400 000

Üben 1

Runde auf den vollen Hunderter.

63 412 ≈ .... 701 879 ≈ ....

3 603 ≈ .... 972 ≈ ....

965 210 ≈ .... 55 551 ≈ ....

Üben 2

Runde auf den vollen Tausender.

804 074 ≈ .... 348 876 ≈ ....

5 519 ≈ .... 63 152 ≈ ....

19 392 ≈ .... 771 741 ≈ ....

Üben 3 Runde auf den vollen Zehntausender.

846 299 ≈ .... 120 067 ≈ ....

55 555 ≈ .... 83 190 ≈ ....

Üben 4 Welche Zahlen wurden gerundet?

4	......	7	3	5	≈ 45 000

....	4	6	≈ 200

8	9	6	......	3	≈ 89 670

9	9	......	5	0	9	≈ 991 000

5	....	0	1	7	4	2	≈ 520 000

....	2	1	4	2	7	≈ 700 000

Üben 5 Auf welche Stelle ist es jeweils sinnvoll zu runden?

Schreibe die Sätze auf.

Auf einem Schulfest waren 1 254 Besucher.

Auf einem Schulfest waren ungefähr 1 250 Besucher.

In Mannheim leben 322 174 Menschen.

....

....

Es gibt 775 475 verschiedene Insektenarten,
8 587 Vogelarten und nur 4 259 Säugetierarten.

....

....

Überschlagsrechnungen finden und aufschreiben

Wissen und Verstehen

Beim **Überschlagen** von Aufgaben rechnest du mit gerundeten Zahlen.

232 639 + 136 321 = **?**

Gerundet auf die Tausenderstelle: 233 000 + 136 000 = 369 000

Gerundet auf die Zehntausenderstelle: 230 000 + 140 000 = 370 000

Gerundet auf die Hunderttausenderstelle: 200 000 + 100 000 = 300 000

Schneller und sicherer gelingt dir die Überschlagsrechnung, wenn du auf der höchsten Stelle rundest. Das Ergebnis der Überschlagsrechnung ist dann in der Regel aber auch ungenauer.
Je niedriger die Stelle ist, auf die du rundest, desto genauer wird das Ergebnis des Überschlags.

Üben

1 Schreibe zuerst zu jeder Aufgabe die Überschlagsrechnung auf. Rechne danach den Überschlag aus.

8 536 +	745 109 +	964 519 –	89 017 –
84 524	87 +	8 562	641 –
	10 234		1 386
....	....	....	....
....	....	....	....

Überschlagsrechnungen finden und aufschreiben

Üben 2 Bei welchen Aufgaben sind die Ergebnisse größer als 400 000? Male sie an.

642 543 – 227 539 | 46 097 + 360 977 | 402 374 – 16 849

167 424 + 325 745 | 975 + 309 785 | 976 455 – 532 539

Üben 3 Überschlage die Aufgaben. Kreuze das richtige Ergebnis an.

754 431
\+ 5 081
\+ 12 517

772 029 ☐
72 090 ☐
910 569 ☐

5 138
\+ 40 814
\+ 84

49 736 ☐
51 136 ☐
46 036 ☐

74 316
– 18 509
– 255

44 442 ☐
66 662 ☐
55 552 ☐

Üben 4 Der Besucherrekord einer Saison beim Handballverein TV Fit liegt bei etwa 500 000 Zuschauern.

Bisher kamen:
Spiel 1: 64 389 Zuschauer
Spiel 2: 72 087 Zuschauer
Spiel 3: 48 740 Zuschauer
Spiel 4: 37 613 Zuschauer
Spiel 5: 51 248 Zuschauer
Spiel 6: 65 773 Zuschauer
Spiel 7: 46 079 Zuschauer
Spiel 8: 59 351 Zuschauer

Kreuze an, wie viele Zuschauer mindestens zum letzten Spiel kommen müssen, damit der Rekord geknackt wird.

ungefähr 55 000 ☐ ungefähr 25 000 ☐ ungefähr 75 000 ☐

Schriftlich addieren

Wissen und Verstehen

Große Zahlen kannst du ganz leicht **schriftlich addieren.** Wichtig ist, dass du die Zahlen stellengerecht untereinanderschreibst. Eine Stellenwerttafel hilft dabei. Beim Rechnen beginnst du immer an der Einerstelle. Es gibt zwei Lösungswege:

Lösungsweg 1: Die Rechenrichtung ist von unten nach oben.

245 346 + 23 452 = **?**

	HT	ZT	T	H	Z	E
	2	4	5	3	4	6
+		2	3	4	5	2
	2	6	8	7	9	8

	2	4	5	3	4	6
+		2	3	4	5	2
	2	6	8	7	9	8

Die Sprechweise ist: 2 plus 6 gleich 8, schreibe 8.

Lösungsweg 2: Die Rechenrichtung ist von oben nach unten.
Die Sprechweise ist: 6 plus 2 gleich 8, schreibe 8.

Wenn bei der Addition ein Ergebnis eines Stellenwertes größer als 9 ist, schreibst du auf die nächsthöhere Stelle einen **Übertrag.**

437 289 + 345 569 = **?**

	4	3	7	2	8	9
+	3	4	5	5	6	9
		1		1	1	
	7	8	2	8	5	8

Du kannst auch mehr als zwei Zahlen untereinander schreiben und addieren. Jedes Ergebnis kannst du mit der **Umkehraufgabe** kontrollieren.

Üben

1 Addiere schriftlich.

			5	6	3	7
	+		4	2	0	3

		8	1	2	7	4
	+		6	4	1	8

		3	6	1	5	6
+	1	7	3	5	5	3

	1	1	9	6	3	7
+	8	6	3	4	0	8

	9	4	1	9
+		2	9	1

	4	0	2	7	8
+	3	9	7	2	2

	9	6	5	1	8	6
+			3	9	5	7

			7	8	0	7
+	6	3	3	0	9	6

Üben 2

Leon, Mia und Tim denken sich Zahlen zum Addieren aus. Die Lösung soll über einer Million liegen. Schreibe die Zahlen stellengerecht untereinander und rechne schriftlich. Welches Kind schafft es über die Million hinaus?

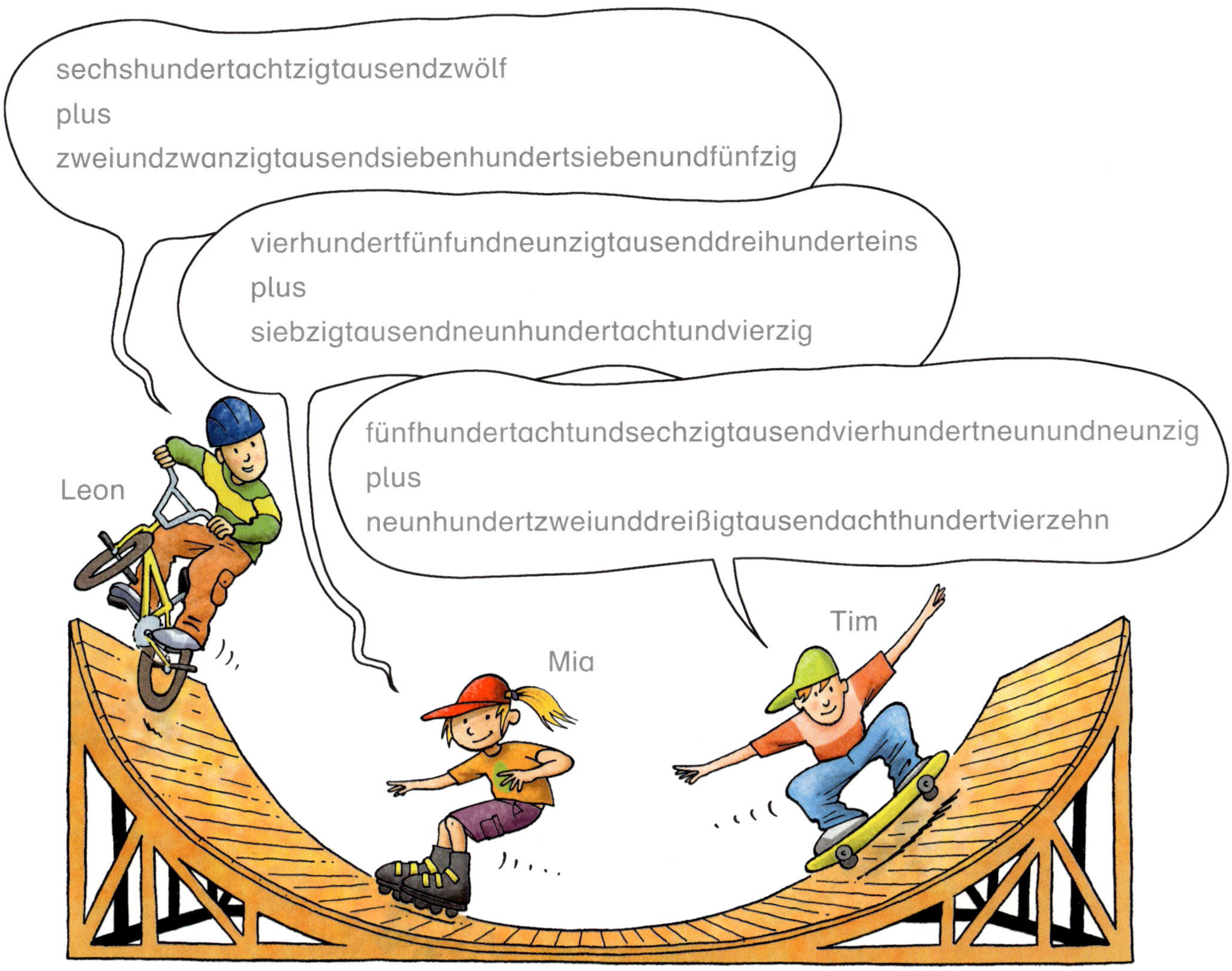

Lösung: ....

Üben 3

Ergänze die fehlenden Zahlen.

	7	2	6	0	2
+					
	8	1	6	6	2

+		4	7	1	3
	5	5	6	0	6

	3		8		2
+		3	3	6	
	9	6		1	1

	6			9	6
+		2	7		5
	9	7	3	0	

Grundrechenarten

Schriftlich addieren

Üben 4 Zu welchem Mauseloch laufen die Mäuse? Welches Ergebnis stimmt? Überschlage zuerst und rechne dann genau. Verbinde Käsestapel und Mauseloch.

Ü: .... Ü: .... Ü: ....

Üben 5 Löse die Aufgaben, indem du die Buchstaben durch Ziffern ersetzt. In jeder Aufgabe bedeuten gleiche Buchstaben gleiche Ziffern.

H = 2

HASE

+ 

HAHN

LUFT

B = 2

RAD

+ 

BALL

BEIN

L = 4

BLATT

+ 

LAUB

BÄLLE

Üben 6 Im Luisenpark werden neue Blumenzwiebeln gepflanzt.
Die Gärtner haben große Säcke mit den Zwiebeln gefüllt: 12 745 gelbe Tulpen, 15 080 rote Tulpen, 38 220 Narzissen und 42 300 Schlüsselblumen.

Überschlage. Wie viele Blumenzwiebeln werden insgesamt gepflanzt?

☐ weniger als 100 000   ☐ mehr als 100 000   ☐ mehr als 110 000

Berechne jetzt genau, wie viele Zwiebeln es sind.

Antwort: ....

Üben 7 Die Besucherzahlen im Luisenpark sind in der Tabelle aufgelistet.

Monate	Besucherzahl
Januar/Februar	37 906
März/April	44 984
Mai/Juni	75 969
Juli/August	105 423
September/Oktober	94 763
November/Dezember	

Überschlage: Wie viele Besucher kamen bisher in den Park?

Antwort: ....

Die erwartete Besucherzahl liegt bei 400 000. Wie viele Menschen müssen in den fehlenden Monaten November und Dezember noch in den Park kommen, damit die Zahl erreicht wird?

Antwort: ....

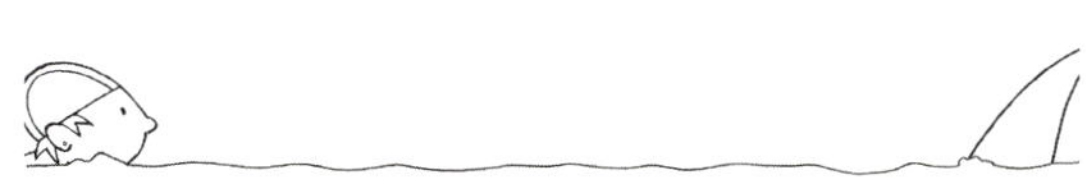

Schriftlich subtrahieren

Wissen und Verstehen

Große Zahlen kannst du ganz leicht **schriftlich subtrahieren.** Wichtig ist, dass du die Zahlen stellengerecht untereinanderschreibst. Eine Stellenwerttafel hilft dabei. Beim Rechnen beginnst du immer an der Einerstelle. Es gibt zwei Lösungswege:

Lösungsweg 1: Beim Ergänzungsverfahren (Plus-Sprechweise) wird von der unteren Zahl zur oberen ergänzt.

34 587 – 22 564 = ?

	HT	ZT	T	H	Z	E
		3	4	5	8	7
–		2	2	5	6	4
		1	2	0	2	3

	3	4	5	8	7
–	2	2	5	6	4
	1	2	0	2	3

Sprechweise: 4 plus 3 gleich 7, schreibe 3 oder von 4 bis 7 fehlen 3, schreibe 3.

Lösungsweg 2: Beim Abziehverfahren (Minus-Sprechweise) ist die Sprechweise: 7 minus 4 gleich 3, schreibe 3.

Wenn bei der schriftlichen Subtraktion eine Stelle der unteren Zahl größer als die obere ist, musst du einen **Übertrag** durchführen.

85 432 – 63 628 = ?

	8	5	4	3	2
–	6	3	6	2	8
		1		1	
	2	1	8	0	4

Jedes Ergebnis kannst du mit der **Umkehraufgabe** kontrollieren.

12 023 + 22 564 = 34 587

21 804 + 63 628 = 85 432

Üben

1 Subtrahiere schriftlich.

	6	9	4	6
–	3	2	0	8

	9	2	3	4	8
–		7	4	5	9

	9	7	3	9	5
–	6	5	3	8	5

	7	3	5	1	7	7
–			9	4	7	9

Üben 2

Schreibe stellengerecht untereinander und subtrahiere.

Üben 3

Setze die fehlenden Zahlen ein.

	5	9	5	6	2
–					
	2	0	5	2	8

–	4	4	0	7	6
	1	9	5	4	8

	8		5		5
–		4	0	2	
	7	6		7	8

	3	2		6	8
–	1		2		9
		8	9	0	

		5	3	7	8	
–	7		1	8		6
		5			8	6

			0	6	4	7
–	5	5			3	8
		9	0	9		

	1	0	0	0	0	0	0
–		8		0	7	0	
		1	6	9			0

Üben 4

Bei jeder Aufgabe ist etwas falsch. Überschlage zuerst, finde die Fehler und rechne richtig.

	7	6	5	2	1
–		8	2	7	2
	1		1		
	6	2	3	4	9

	7	6	5	2	1
–		8	2	7	2
			1		
	7	8	3	9	9

	7	6	5	2	1
–		8	2	7	2
			1		1
	6	2	3	4	9

Schriftlich subtrahieren

Üben 5

Fülle die Rechentürme nach Vorschrift aus und rechne.

Ziffern	749	583	6 789
Bilde die größte und die kleinste mögliche Zahl aus den Ziffern.	974 – 479		
Subtrahiere!	495		
Bilde wieder die größte und die kleinste mögliche Zahl aus den Ziffern.	954 – 459		
Subtrahiere!	495		
Immer so weiter. Wenn du die größte Zahl schon einmal gebildet hast, ist der Turm fertig.	954 Ende		

Üben 6

Berechne die leeren Felder der Rechenmauern.

Rechenmauer 1:

856 365
210 687 | ___
___ | 139 824 | ___
___ | 57 530 | ___ | 423 560

Rechenmauer 2:

___
___ | 70 385
22 682 | ___ | ___
___ | 9 527 | 13 093 | ___

Üben 7 Löse die Rechenrätsel.

Lösung: .... Lösung: .... Lösung: ....

Üben 8 Zu Beginn des Jahres 2005 lebten in Mannheim 302 787 Menschen. Während des Jahres wurden 3 197 Kinder geboren, 4 256 Menschen starben. Außerdem meldete das Rathaus den Wegzug von 12 085 Personen, 15 492 Personen zogen neu nach Mannheim.

Wie viele Einwohner lebten am Jahresende in Mannheim?
Überschlage zuerst und rechne dann genau.

Rechnung: Ü: ....

Antwort: ....

Schriftlich multiplizieren

Wissen und Verstehen

Beim **schriftlichen Multiplizieren** rechnest du schrittweise.

Ist die Zahl, mit der du multiplizierst **einstellig**, rechnest du so:

T	H	Z	E			
7	3	5	8	·	7	
	5	1	5	0	6	

Sprechweise:
7-mal (multipliziert mit) 8 gleich 56, schreibe **6,** merke 5
7-mal 5 gleich 35, 35 plus 5 gleich 40, schreibe **0,** merke 4
7-mal 3 gleich 21, 21 plus 4 gleich 25, schreibe **5,** merke 2
7-mal 7 gleich 49, 49 plus 2 gleich 51, schreibe **51**

Das Ergebnis schreibst du rechtsbündig unter den zweiten Faktor.

Ist die Zahl, mit der du multiplizierst **zweistellig,** rechnest du so:
Du beginnst mit der höchsten Stelle des zweiten Faktors. Die Teilprodukte schreibst du stellengerecht untereinander und addierst sie dann schriftlich.

T	H	Z	E				
6	8	2	3	·	3	6	
	2	0	4	6	9		hier steht 6 823 · 3
		4	0	9	3	8	hier steht 6 823 · 6
			1	1			
	2	4	5	6	2	8	

Es ist sinnvoll, vor dem Ausrechnen eine **Überschlagsrechnung** zu machen, um die Größe des Ergebnisses zu überprüfen.

6 823 · 36 = **?** → Überschlagsrechnung: 7 000 · 40 = 280 000

Üben

1 Rechne schriftlich.

853 · 4   3740 · 8   85644 · 3   36082 · 6

805 · 7   2693 · 9   17005 · 5   57490 · 7

Üben 2 Ergänze die fehlenden Zahlen.

7	5	3	3	·	3	
	2	2	5	9	9	

	8	5	5	·	6	
	1	1	1	3	0	

2			4	·	7	
	1	8	7	8	8	

	9		8	4	·	4
	1	1	7	1		

6	0	2	5	·	8	
	4	8	2		0	

3	8		6	·	9	
	3		2	5	4	

	1	7		·	5	
	2	5		5	5	

		1	7	6	·	
		9	0			8

Üben 3 In die Aufgaben haben sich Fehler eingeschlichen. Finde sie durch Überschlagen. Kreuze die jeweilige Ampel an: (grün) = richtig, (rot) = falsch. Dann rechne die fehlerhaften Aufgaben schriftlich aus.

96 581 · 3 = 389 743 — Ü: .... Ergebnis: ....

62 803 · 5 = 314 015 — Ü: .... Ergebnis: ....

74 135 · 7 = 418 945 — Ü: .... Ergebnis: ....

33 682 · 4 = 164 728 — Ü: .... Ergebnis: ....

50 864 · 9 = 477 776 — Ü: .... Ergebnis: ....

47 026 · 6 = 282 156 — Ü: .... Ergebnis: ....

97 459 · 8 = 779 672 — Ü: .... Ergebnis: ....

Üben 4 Rechne schriftlich und ergänze die Ergebnisse.

· 6	
25 476	152 856
3 098	
83 212	
20 066	

· 9	
327	
4 216	
64 903	
100 342	

Schriftlich multiplizieren

Üben 5 Multipliziere schriftlich.

5326 · 24

7520 · 36

14682 · 17

Üben 6 Überschlage. In welchem Bereich liegt das Ergebnis? Kreuze an.

Aufgabe	zwischen 300 000 und 400 000	zwischen 400 000 und 500 000	zwischen 500 000 und 600 000	zwischen 600 000 und 700 000
5 956 · 72				
34 025 · 19				
9 648 · 57				
11 947 · 26				
41 088 · 12				
6 734 · 89				

Üben 7 Hilfst du Moritz beim Aufräumen? Verbinde Rechnung und passendes Ergebnis. Der Überschlag hilft dir dabei.

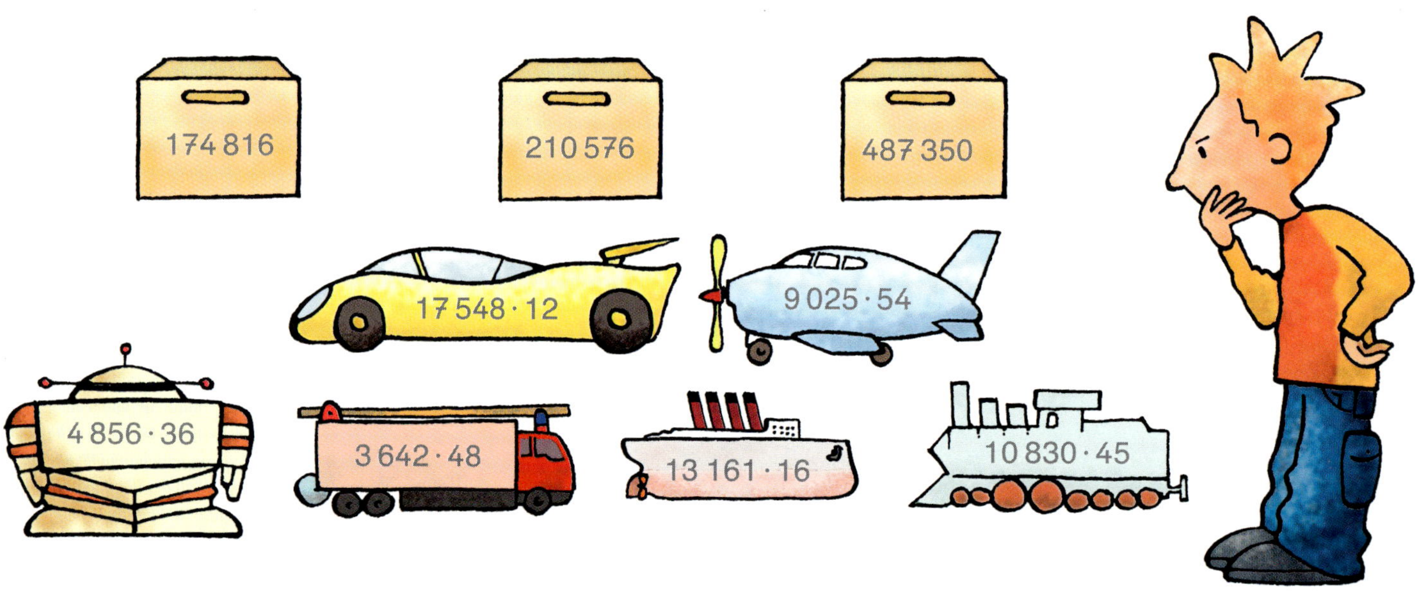

Üben 8 Die Waldschule veranstaltet eine Woche lang eine Pausenaktion zum gesunden Frühstück. An jedem Wochentag bringt der Getränkehändler 357 Flaschen Milch, 210 Flaschen Orangensaft und 486 Flaschen Wasser.
Wie viele Flaschen Milch, Wasser und Saft bringt der Händler jeweils in dieser Woche? Wie viele Flaschen sind es insgesamt? Überschlage zuerst und rechne dann genau.

Ü Milch: .... Ü Wasser: ....

Ü Saft: .... Ü Flaschen insgesamt: ....

Rechnung:

Antwort: Der Händler bringt .... Flaschen Milch, ... Flaschen Wasser

und .... Flaschen Saft. Insgesamt sind es .... Flaschen.

Üben 9 Außerdem erhält jede der 17 Klassen 22 Äpfel und 17 Bananen. Reicht das Obst für die 612 Schüler und 45 Lehrer der Schule? Vergiss den Überschlag nicht.

Ü: ....

Rechnung:

Antwort: ....

Schriftlich dividieren ohne Rest

Wissen und Verstehen

Beim **schriftlichen Dividieren** rechnest du schrittweise. Du beginnst mit der höchsten Stelle der Zahl, die geteilt werden soll.

9 9 4 4 : 8 = **?**

T	H	Z	E							
9	9	4	4	:	8	=	1	2	4	3
8										
1	9									
1	6									
	3	4								
	3	2								
		2	4							
		2	4							
			0							

T	dividiere	9 : 8 = 1 Rest 1
	multipliziere	1 · 8 = 8, 9 – 8 = 1
H	hole herunter 9,	
	dividiere	19 : 8 = 2 Rest 3
	multipliziere	2 · 8 = 16, 19 – 16 = 3
Z	hole herunter 4,	
	dividiere	34 : 8 = 4 Rest 2
	multipliziere	4 · 8 = 32, 34 – 32 = 2
E	hole herunter 4,	
	dividiere	24 : 8 = 3 Rest 0
	multipliziere	3 · 8 = 24
	subtrahiere	24 – 24 = 0

Ist die höchste Stelle der zu dividierenden Zahl kleiner als der Teiler, beginnst du mit den beiden ersten Stellen.

2 570 : 5 = **?**, 2 : 5 geht nicht, also: 25 : 5!

Jede schriftliche Division sollte aus drei Teilschritten bestehen:

1. Überschlagsrechnung: 10 000 : 8 ≈ 1 250
2. Division: 9 944 : 8 = 1 243
3. Probe:

1	2	4	3	·	8
		9	9	4	4

Üben

1 Male Aufgaben an, bei denen du mit den ersten beiden Ziffern der zu teilenden Zahl mit der Rechnung beginnen musst.

6 792 : 4 8 386 : 9 5 443 : 3 3 586 : 5

3 974 : 3 7 719 : 8

Üben 2

Dividiere schriftlich. Vergiss den Überschlag und die Probe nicht.

Ü: ....

9244 : 4 =

Ü: ....

18270 : 5 =

Ü: ....

15651 : 3 =

Ü: ....

52376 : 8 =

Üben 3

Prüfe die Ergebnisse nur durch den Überschlag.
Kreuze die jeweilige Ampel an: (grün) = richtig, (rot) = falsch.
Rechne dann genau. Korrigiere die falschen Ergebnisse.

2 268 : 7 = 648	○	○	....
14 785 : 5 = 3 957	○	○	....
31 746 : 6 = 5 291	○	○	....
43 218 : 9 = 3 802	○	○	....
11 656 : 8 = 1 457	○	○	....
399 996 : 4 = 99 999	○	○	....

Schriftlich dividieren ohne Rest

Üben 4

Berechne die fehlenden Zahlen.

: 4

944	236
1 540	
12 100	
	6 410

: 8

2 936	
	6 256
24 208	
	17 804

Üben 5

Ergänze die fehlenden Zahlen.

```
4 1 □ 1 0 : 6 = □ 9 □ □
3 6
  5 9
  5 □
    5 □
    □ □
      3 0
      3 □
        0
```

```
4 8 □ □ 9 : 7 = 6 □ □ 7
□ 2
  □ 6
  6 3
    □ 2
    2 8
      □ 9
      4 9
        □
```

Üben 6

Löse das Rechenrätsel.

Wenn ich meine Zahl durch 8 dividiere,
dann mit 3 multipliziere, vom Ergebnis 44 subtrahiere
und zum Schluss verdopple, erhalte ich 176.
Welche Zahl habe ich mir ausgedacht?

Lösung: ....

Üben 7 In Monaco findet das große Autorennen statt. Es sollen gleich viele Fähnchen von jedem der neun teilnehmenden Rennställe verteilt werden. Der 54-jährige Rennleiter bestellt insgesamt 11 439 Fähnchen. Wie viele Fähnchen bestellt er von jedem Team?

Ü: ....

Rechnung:

Antwort: ....

Üben 8 Die Besucher werden mit Bussen zum Rennen gefahren. Letztes Jahr transportierte ein Bus in einer Stunde 558 Besucher.
Wie viele Personen passen in einen Bus, wenn der Bus 9-mal pro Stunde fuhr?
Insgesamt wurden 12 Busse eingesetzt.
Wie viele Besucher erreichten nach einer Stunde die Rennstrecke?

Ü: .... Ü: ....

Rechnung:

Antwort: In einen Bus passen .... Personen.

Nach einer Stunde waren .... Personen an der Rennstrecke.

Schriftlich dividieren mit Rest

Wissen und Verstehen

Bei der **schriftlichen Division** gibt es Aufgaben, bei denen beim Dividieren ein **Rest** bleibt.

7 4 9 : 6 = **?**

Schritt 1: Überschlag: 720 : 6 = 120

Schritt 2: Rechnung:

```
7 4 9 : 6 = 1 2 4  Rest 5
6
1 4
1 2
  2 9
  2 4
    5
```

Schritt 3: Probe:

```
1 2 4 · 6
    7 4 4
```

744 **+ 5** = 749

Üben

1 Überschlage zuerst. Dividiere danach schriftlich und mache die Probe.

Ü: ....

1 4 1 4 : 6 =

Ü: ....

4 8 7 6 : 8 =

Ü: ....

3 6 2 3 0 : 3 =

Ü: ....

3 8 6 3 3 : 4 =

Üben 2 Welche Schritte sind beim schriftlichen Dividieren wichtig? Nummeriere die Kärtchen in der richtigen Reihenfolge.

- ☐ Dividieren
- ☐ Subtrahieren
- ☐ Nächste Stelle herunterholen
- ☐ Probe
- ☐ Überschlag
- ☐ Multiplizieren

Üben 3 Ergänze die fehlenden Zahlen.

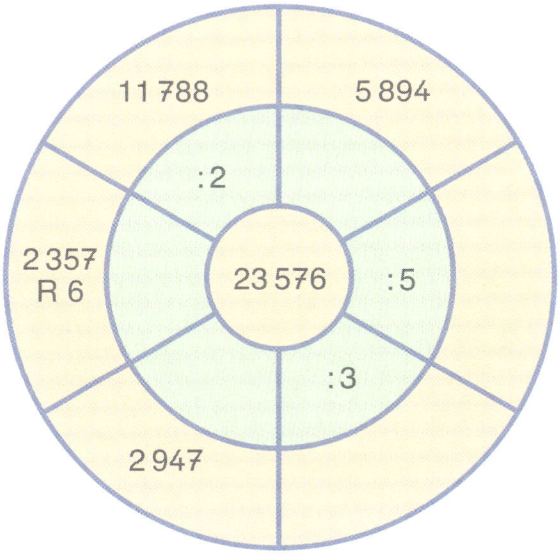

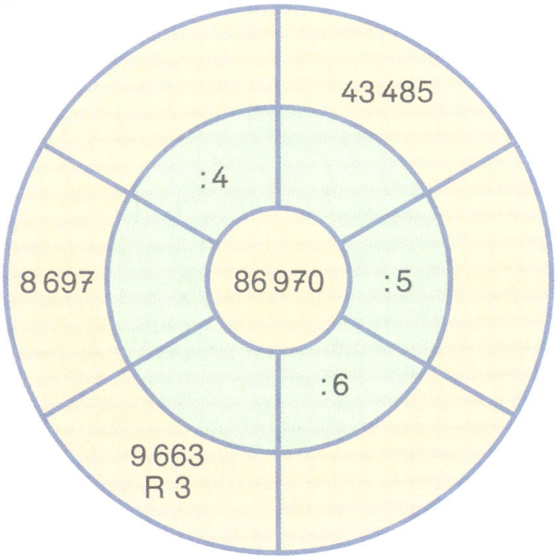

Schriftlich dividieren mit Rest

Wissen und Verstehen

Diese **Teilbarkeitsregeln** helfen schon vor dem Dividieren festzustellen, ob Aufgaben mit diesen Divisoren mit oder ohne Rest teilbar sind.

Teiler	Regel	Aufgabe
: 10	wenn eine 0 in der Einerstelle ist	374 544 : 10 mit Rest
: 5	wenn eine 5 oder 0 in der Einerstelle ist	374 544 : 5 mit Rest
: 2	wenn die Einerstelle gerade ist	374 544 : 2 ohne Rest
: 4	wenn die Zahl aus den beiden letzten Ziffern durch 4 teilbar ist	374 544 : 4 ohne Rest
: 8	wenn die letzten 3 Ziffern durch 8 teilbar sind	374 544 : 8 ohne Rest
: 3	wenn die Quersumme durch 3 teilbar ist	374 544 : 3 ohne Rest Quersumme 27
: 9	wenn die Quersumme durch 9 teilbar ist	374 544 : 9 ohne Rest Quersumme 27
: 6	wenn die Zahl gerade und die Quersumme durch 3 teilbar ist	374 544 : 6 ohne Rest Quersumme 27

Beim Teilen einer Primzahl entsteht immer dann ein Rest, wenn der Divisor ≠ 1 oder gleich dem Dividenden ist.

Üben

1 Hilf den Kindern, die Mauersteine mit der passenden Farbe anzumalen.

Die Zahl ist gerade und die Quersumme ist durch 3 teilbar.	Die Quersumme ist durch 3 teilbar.	In der Einerstelle steht eine 0.
Die Quersumme ist durch 9 teilbar.	Die letzten beiden Ziffern der Zahl sind durch 4 teilbar.	Die letzten 3 Ziffern der Zahl sind durch 8 teilbar.

Üben 2

Teilbar oder nicht teilbar? Kreuze an.

Aufgabe	teilbar	nicht teilbar
35 463 : 3		
75 869 : 6		
104 386 : 9		
59 804 : 4		
142 406 : 6		
98 302 : 3		
10 000 : 2		
67 078 : 9		

Aufgabe	teilbar	nicht teilbar
975 630 : 5		
32 576 : 2		
31 528 : 8		
734 002 : 10		
790 342 : 4		
87 455 : 5		
322 623 : 9		
49 827 : 2		

Üben 3

Welche Zahlen sind nur durch 1 und nur durch sich selbst teilbar? Sie heißen Primzahlen. Kreise die Kärtchen ein.

35 207 101 417 71 31 317 213

Schriftlich dividieren mit Rest

Üben 4 Welche Autos parken in welcher Garage? Rechne und verbinde.

Üben 5 Für das neue Elefantenhaus im Zoo haben 13 547 Kinder Bilder gemalt. Nun sollen die Bilder an acht verschiedenen Plätzen aufgehängt werden. Wie können die Bilder verteilt werden?

Ü: ....

Rechnung mit Probe:

Antwort: ....

Üben 6 Am Wochenende besuchten 24 586 Personen das Tiergehege auf dem Schönberg. In eine Gondel passen 6 Personen. Wie oft musste die Gondel fahren?

Ü: ....

Rechnung mit Probe:

Antwort: ....

Zahlenspielerei

Extrarunde

Bilde aus den Ziffern 4 und 6 die zwei möglichen zweistelligen Zahlen und addiere diese. Dividiere die Summe durch die Quersumme der beiden Ziffern (4 + 6). Wähle zwei andere Ziffern und rechne genauso. Was fällt dir auf?

Versuche es auch mit drei Ziffern (z. B. 2, 5 und 4). Bilde mit diesen Ziffern alle sechs möglichen dreistelligen Zahlen und berechne genauso.
Das kannst du auch noch mit drei anderen Ziffern ausprobieren.
Probiere es auch mit vier Ziffern aus.

Textaufgaben bearbeiten

Wissen und Verstehen

Es gibt Rechenaufgaben, die in **Textform** geschrieben sind. Dann ist es oft gar nicht so leicht, die richtigen Daten für die Rechnung herauszufinden.

Diese Schritte können dir helfen, die richtigen Lösungen zu finden:

1. Lies zuerst den Text der Aufgabe genau. Manchmal hilft auch lautes Lesen.

2. Unterstreiche alle wichtigen Angaben.

3. Denke noch einmal über die Frage nach oder finde selbst eine mögliche Frage.

4. Überlege, ob eine Zeichnung möglich ist, um die Aufgabe besser zu verstehen.

5. Schreibe die einzelnen Rechenschritte auf.

6. Mache eine Überschlagsrechnung.

7. Rechne genau aus.

8. Vergleiche Überschlag und Ergebnis miteinander.
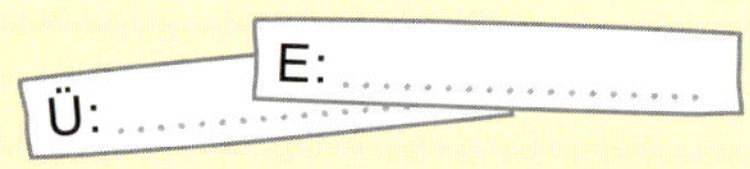

9. Rechne zur Kontrolle noch die Probeaufgabe.
10. Lies die Frage noch einmal und schreibe eine passende Antwort auf.

Üben

1 Wende die Schritte 1 bis 10 an.

Ein Fußballspiel besuchen 45 754 Zuschauer.
8 250 haben einen Sitzplatz auf der Tribüne.
32 850 Zuschauer haben Sitzplätze in der Ost- und der Westkurve.
Wie viele Zuschauer konnten nur Stehplätze erhalten?

Schritt 1: Lesen: Ein …

Schritt 2: Unterstreichen.

Schritt 3:

Schritt 4:

Schritt 5:

Schritt 6:

Schritt 7: Genau ausrechnen.

Schritt 8: Überschlag und Ergebnis vergleichen.

Schritt 9: Probeaufgabe rechnen.

Schritt 10:

Üben 2

Übe die zehn Schritte noch einmal.

Frau Braun hat einen großen Garten mit vielen Blumenbeeten. Jedes Jahr pflanzt sie neue Blumen. Vor drei Jahren hat sie begonnen, Rosenstöcke zu pflanzen. In jedem Jahr hat sie doppelt so viele Rosenstöcke angepflanzt wie im Jahr vorher. Im dritten Jahr pflanzt sie 36 Rosenstöcke. Wie viele hat sie im ersten Jahr gepflanzt?

Kannst du Ergebnisse überprüfen?

$695 \cdot 7 = 4\,865$

$874\,961 - 503\,873 + 43\,080 = 414\,168$

$90\,000 : 300 = 3\,000$

$800 \cdot 100 = 8\,000$

$214\,384 - 7\,704 : 6 = 113\,100$

$121\,236 : 4 + 1\,452 \cdot 12 - 4\,773 = 42\,960$

$18\,840 : 15 = 1\,256$

$9\,131 - 6\,542 = 3\,589$

Überlege:

- Hast du die Zahlen der Aufgabe richtig abgeschrieben?
- Hast du eine Überschlagsrechnung gemacht?
- Hast du beim schriftlichen Rechnen die Zahlen stellengerecht untereinandergeschrieben?
- Hast du die Rechenzeichen richtig abgeschrieben?
- Hast du die Rechenzeichen richtig angewendet?
- Hast du dein Ergebnis mit dem Ergebnis der Überschlagsrechnung verglichen?
- Hast du die Probeaufgabe gemacht?
- Hast du dein Ergebnis mit dem Ergebnis der Probeaufgabe kontrolliert?

Überprüfe die Ergebnisse in der Trainingskarte und streiche die falschen Ergebnisse durch.

Kannst du in Textaufgaben wichtige Daten finden?

In einem Schulzentrum sind 1 984 Schüler von der 5. bis zur 12. Klasse. 1 065 Schüler sind Mädchen. Die Hälfte der Schüler kommt mit dem Fahrrad zur Schule. Für das neue Schuljahr werden 80 neue Fahrradständer für je 225,00 € gekauft. In einen Ständer passen 12 Fahrräder. Reichen die neuen Ständer für alle Fahrräder?

Überlege:

- Hast du die Aufgabe genau gelesen und verstanden?
- Hat die Aufgabe schon eine Frage?
- Musst du selbst eine Frage finden?
- Hast du die Frage verstanden?
- Hast du mithilfe der Frage alle wichtigen Daten gefunden?
- Hast du die wichtigen Daten unterstrichen?
- Kannst du jetzt mit diesen Daten die Aufgabe rechnen?

Unterstreiche in der Trainingskarte alle wichtigen Angaben, die du zum Rechnen brauchst.

Flächen vergleichen

Wissen und Verstehen

Ebene Figuren werden nach der Anzahl ihrer Ecken benannt.

Viereck

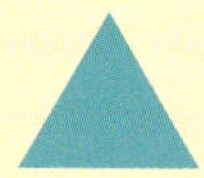

Dreieck

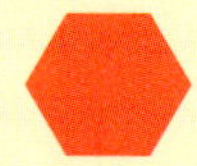

Sechseck

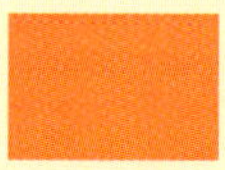

Rechteck

und Quadrat

sind besondere Vierecke.

Der Kreis gehört auch zu den ebenen Figuren, obwohl er keine sichtbaren Ecken hat.

Bei ebenen Figuren können der **Umfang** und die Größe der **Fläche (Flächeninhalt)** berechnet werden.
Die Summe der Seitenlängen ist der Umfang.
2 cm + 1,5 cm + 2 cm + 1,5 cm = 7 cm

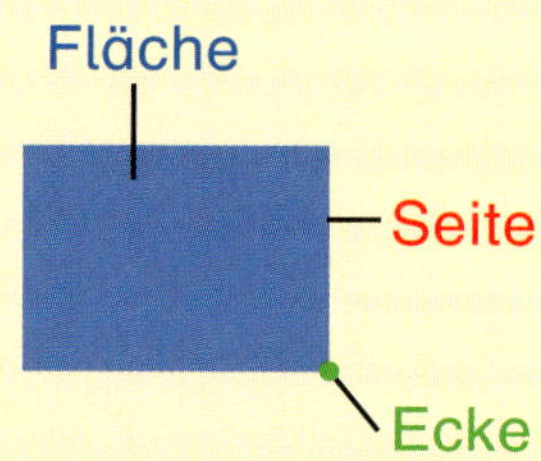

Der Flächeninhalt kann mit quadratischen Karos ausgemessen werden. Diese Fläche ist 6 Karos groß.
Die Größe der quadratischen Karos ist frei wählbar, aber häufig werden Zentimeterquadrate gewählt.

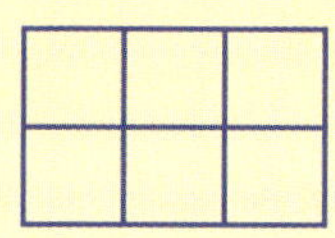

Üben

1 Wie viele Quadrate, Rechtecke und Dreiecke sind hier versteckt?

A

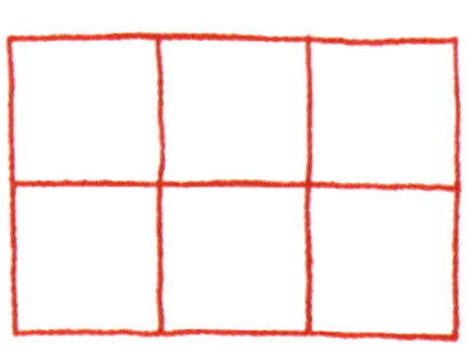

B

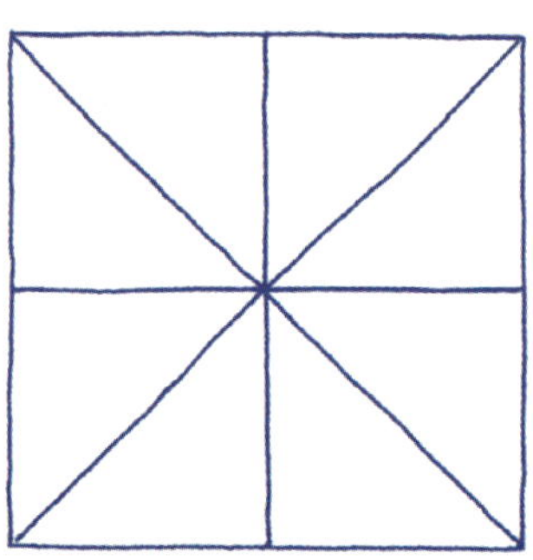

Figur	A	B
Quadrate		
Rechtecke		
Dreiecke		

Üben 2 Welche Figur hat die größte Fläche? Welche den größten Umfang?

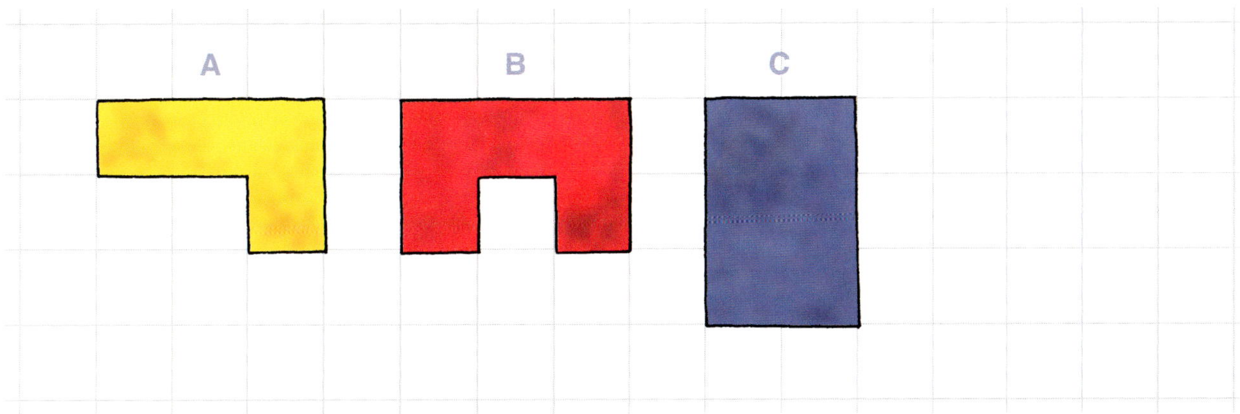

Figur .... hat die größte Fläche. Figur .... hat den größten Umfang.

Üben 3 Zeichne drei verschiedene Flächen, die genau den gleichen Flächeninhalt haben wie die abgebildete Figur. Eine Fläche soll ein Quadrat, eine ein Rechteck sein.

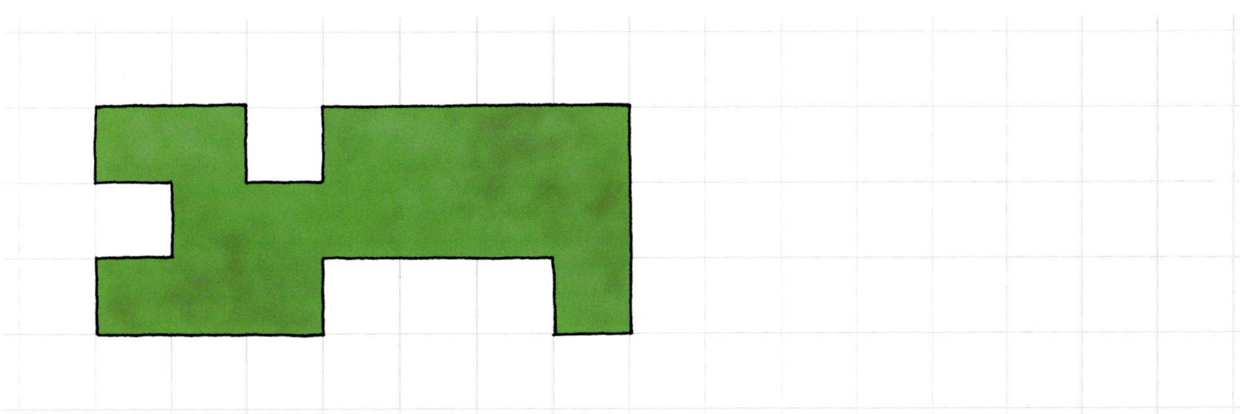

Üben 4 Ein Basketballfeld hat einen Umfang von 88 m. Es ist 28 m lang. Wie breit ist es?

Rechnung:

Antwort: ....

Körper erkennen

Wissen und Verstehen

Das sind **geometrische Körper:**

Viele Körper haben
Flächen, Kanten und Ecken.

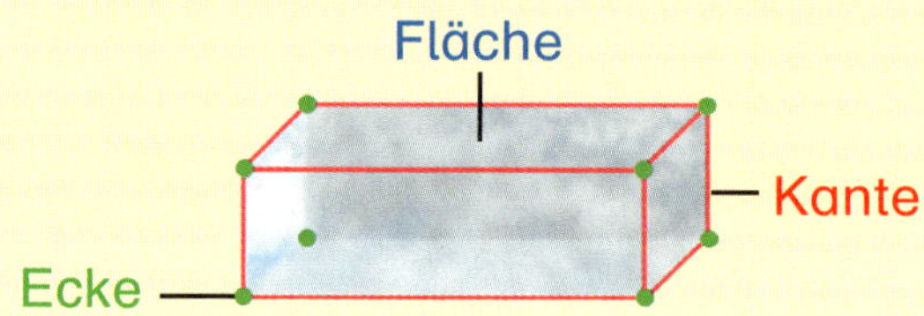

Körper können aus verschiedenen Perspektiven betrachtet werden:

von vorne,

von der Seite,

von oben.

Üben

1 Viele Gegenstände haben die Form von geometrischen Körpern. Male die zu den Körpern passenden Gegenstände in der gleichen Farbe an.

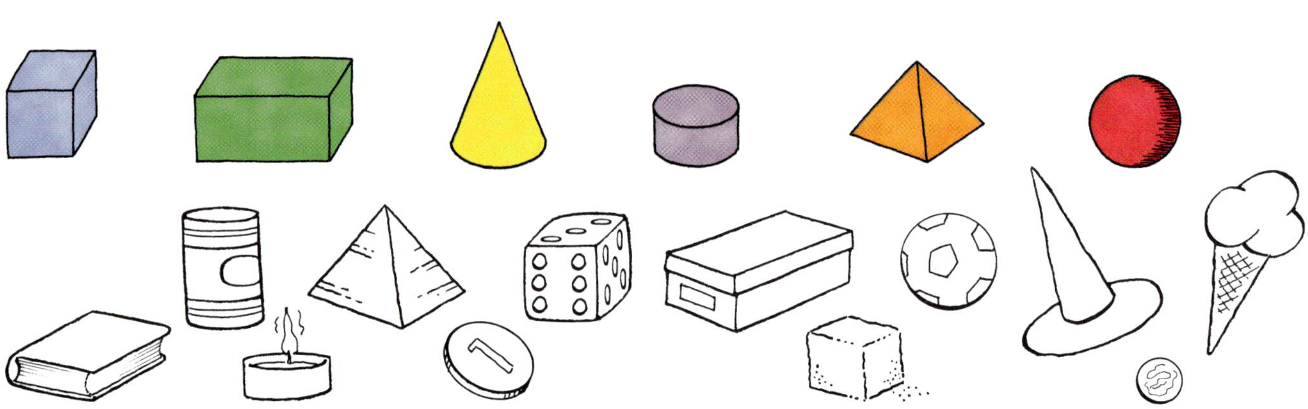

Üben 2 Verbinde die Körper mit ihren Steckbriefen.

Üben 3 Timo und Jasmin haben Bauklötze aufgestellt. Schreibe auf, von welcher Seite sie sich die Quader jeweils angeschaut haben. Zeichne die fehlenden Ansichten.

von .... von .... von unten

von .... von .... von ....

Würfel- und Quadernetze untersuchen

Wissen und Verstehen

Jeder Körper kann so aufgeklappt werden, dass ein Netz entsteht.
Jedes **Körpernetz** hat die Eigenschaft, dass die aufgeklappten Flächen so zusammenhängen, dass daraus wieder der ursprüngliche Körper hergestellt werden kann.

Würfelnetz Quadernetz

Üben 1

Welche der abgebildeten Netze sind Würfelnetze? Zeichne die Netze ab, schneide sie aus, falte sie. Kreuze dann an.

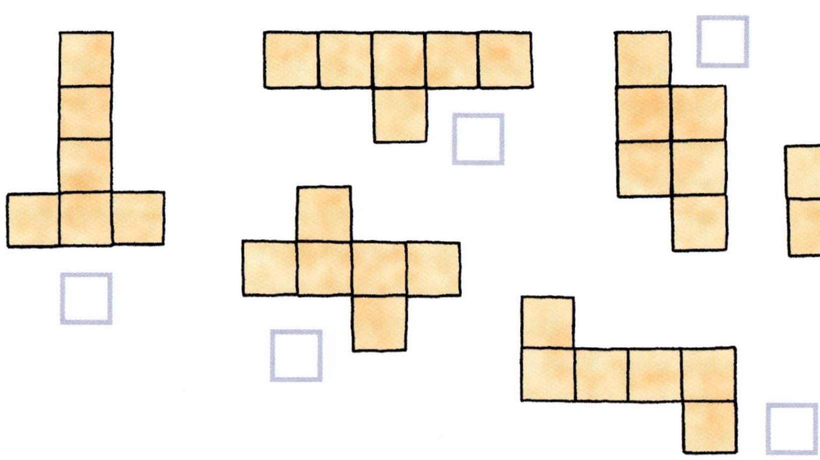

Üben 2

Miriam hat angefangen, Netze eines Spielwürfels zu zeichnen. Trage die fehlenden Augenzahlen ein.

Würfel- und Quadernetze untersuchen

Üben 3 Betrachte den Würfel und kennzeichne die Eckpunkte im Würfelnetz mit den entsprechenden Farben.

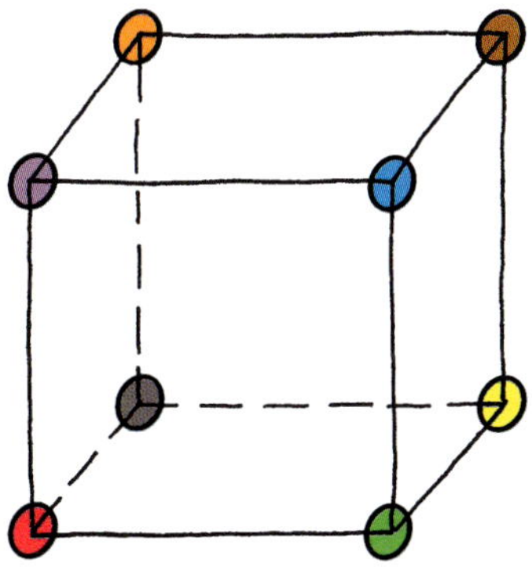

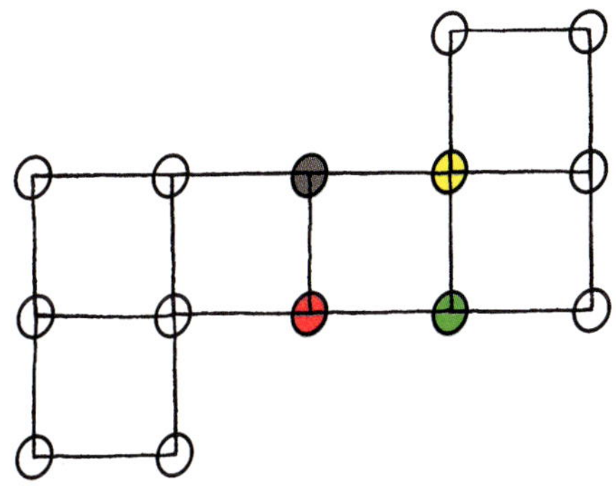

Üben 4 Welche Netze sind Quadernetze? Kreuze an. Zeichne bei den Quadernetzen die Kanten und Ecken, die beim Falten zusammenstoßen, mit der gleichen Farbe ein.

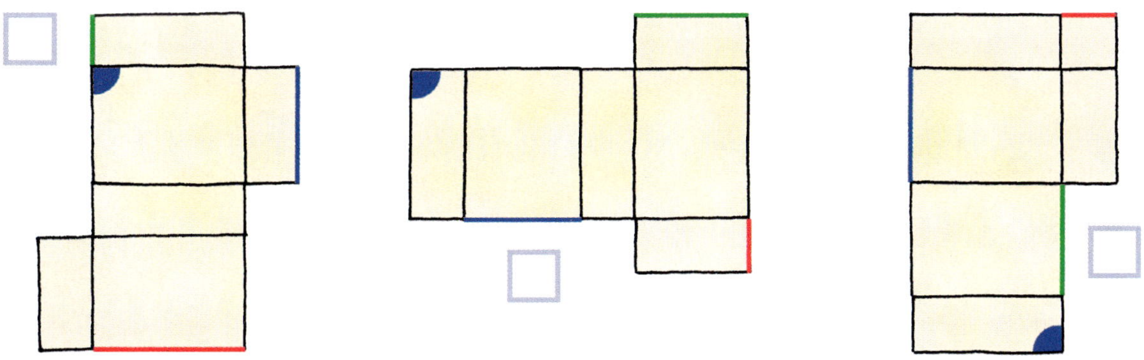

Üben 5 Zeichne das Netz des Quaders mit den entsprechenden Maßen genau auf. Es gibt mehrere Möglichkeiten.

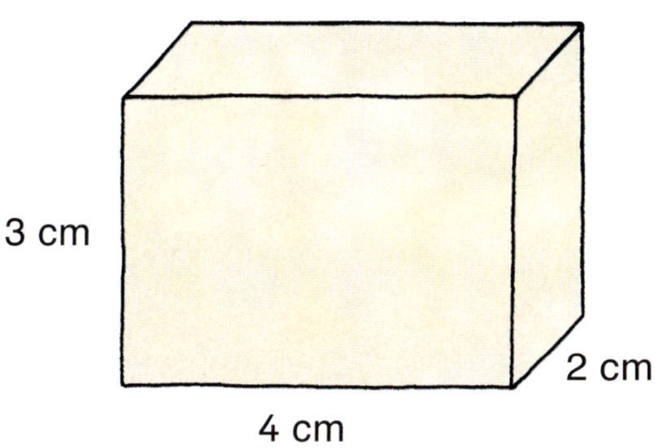

Geometrisches Zeichnen anwenden

Wissen und Verstehen

Beim **geometrischen Zeichnen** kommt es besonders auf Genauigkeit an. Hilfsmittel beim Zeichnen sind: Zirkel, Lineal, Geodreieck und ein gut gespitzter Bleistift.

Die **Gerade:** Eine Linie heißt Gerade, wenn sie nicht durch Endpunkte begrenzt wird.

Zwei Geraden sind zueinander parallel, wenn sie überall den gleichen Abstand zueinander haben.

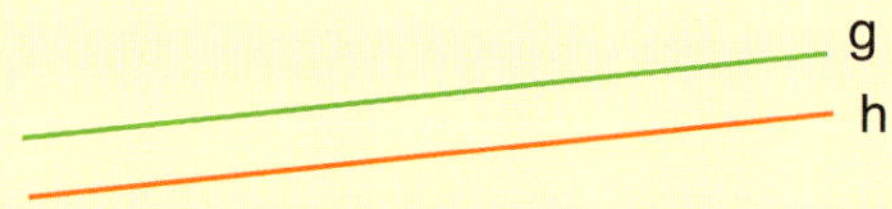

g und h sind parallel

Eine Gerade ist senkrecht zu einer oder zu mehreren Geraden, wenn sie mit diesen Geraden **rechte Winkel** einschließt.

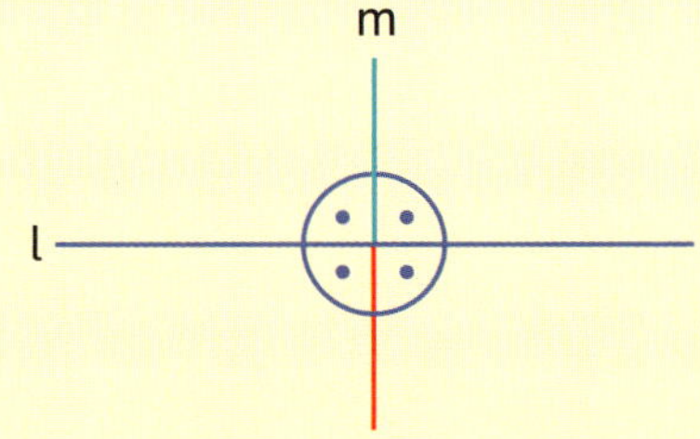

m ist senkrecht zu l

Mit dem Geodreieck ist es einfach, **rechte Winkel** und **Parallelen** zu zeichnen oder zu überprüfen.

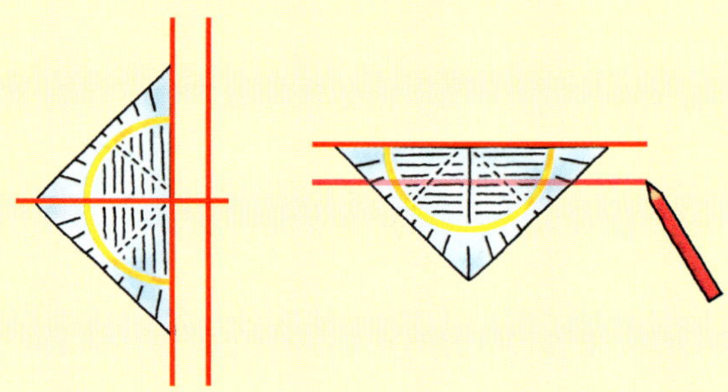

Die **Halbgerade** oder der **Strahl:** Eine Linie heißt Halbgerade oder Strahl, wenn sie nur durch einen Endpunkt begrenzt wird.

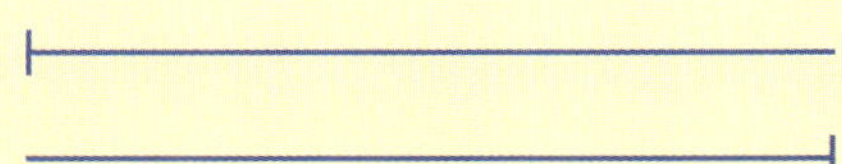

Die **Strecke:** Eine Linie heißt Strecke, wenn sie durch Endpunkte begrenzt wird.

Der **Kreis:** Eine Strecke vom Mittelpunkt (M) eines Kreises zu einem Punkt auf der Kreislinie heißt Radius (r). Um diese Strecke wird beim Zeichnen eines Kreises der Zirkel geöffnet. Der doppelte Radius heißt Durchmesser (d).

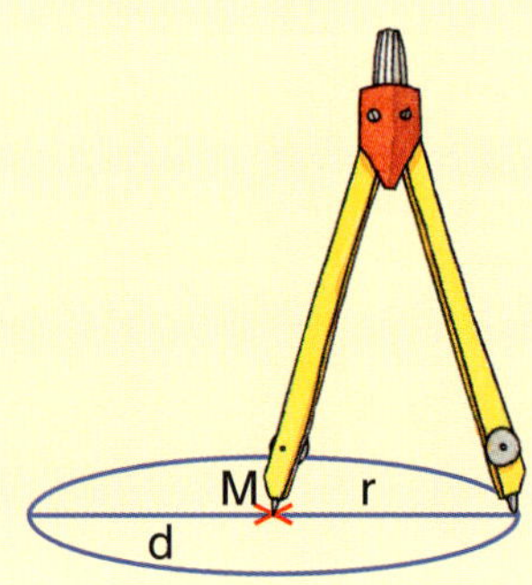

Üben 1 Überprüfe, ob die Geraden g und j parallel sind. Zeichne dann zu der Geraden g zwei parallele Geraden f und h im Abstand von 2 cm und 2,5 cm.

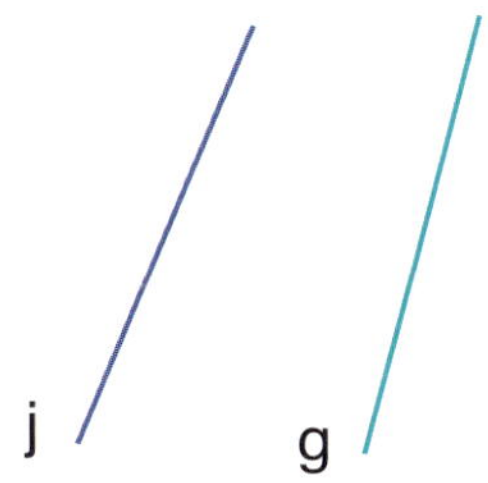

Üben 2 Zeichne zu der Geraden s drei senkrechte Geraden ein. Zeichne dann die rechten Winkel ein.

Üben 3 Zeichne mit dem Geodreieck das angefangene Rechteck und die Quadrate fertig und zeichne die rechten Winkel ein.

Rechteck Quadrate

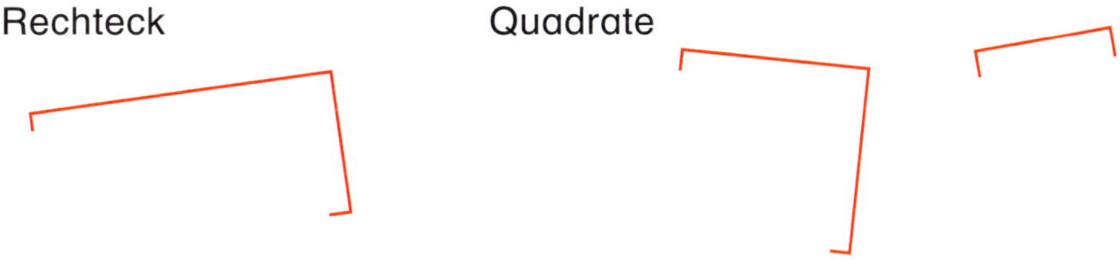

Streichholzflächen

Extrarunde

Lege die Streichhölzer so um, dass eine Fläche mit 6 gleich großen Quadraten und eine weitere mit 8 gleich großen Quadraten entsteht.

Lege dann mit allen 12 Streichhölzern die kleinste und die größtmögliche Fläche. Zeichne alle Möglichkeiten auf Karopapier auf.

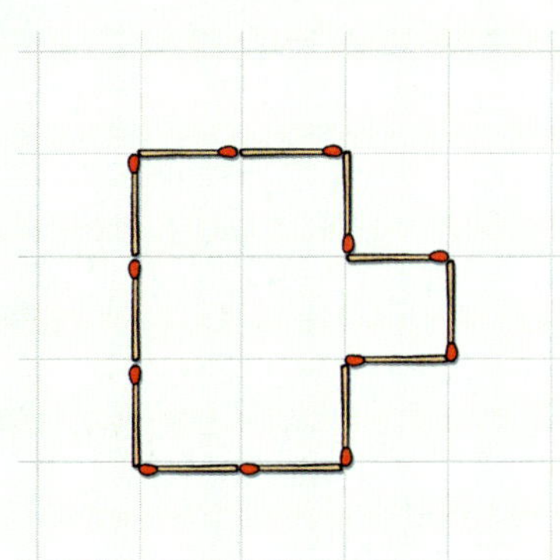

Mit Würfeln bauen

Wissen und Verstehen

Mit Einheitswürfeln kannst du **Würfelbauten** erstellen. Für jeden Würfelbau gibt es einen **Bauplan.**

Würfelbauten können frei entworfen oder aber auch nach einem Bauplan nachgebaut werden. Ein Bauplan bildet zunächst die Grundfläche des Würfelbaus ab und gibt darüber Auskunft, wie viele Würfel an einer bestimmten Stelle stehen.

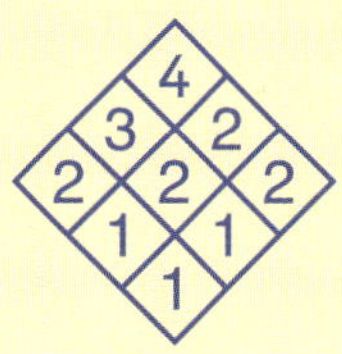

2	2	3	4
2	1	1	1
3	1	1	1
4	1	1	1

Üben

1 Welcher Bauplan gehört zu welchem Würfelbau?
Achtung! Ein Bauplan passt nicht.

1

2
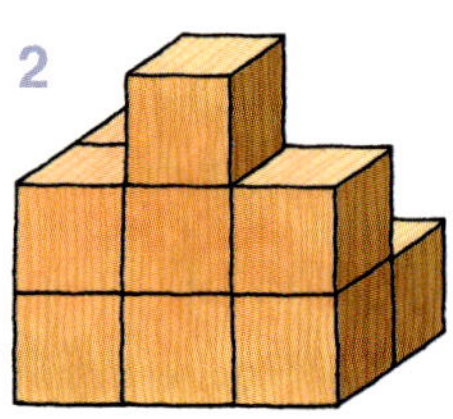

3

a

2	1	1
2	3	2

b

3	2	2
2	0	0

c

3	2	2
2	1	0

d

3	2	2
2	0	1

1 gehört zu .... 2 gehört zu .... 3 gehört zu ....

Üben 2 Zeichne zu den abgebildeten Würfelbauten passende Baupläne.

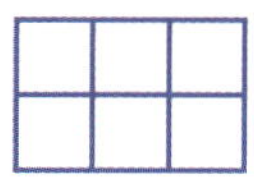

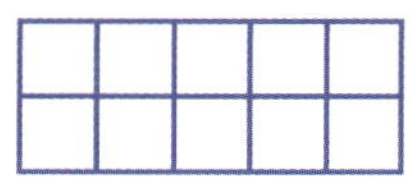

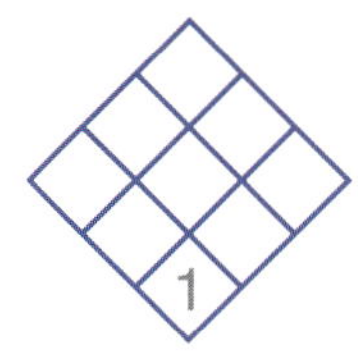

Üben 3 Aus wie vielen Würfeln besteht der Würfelbau?
Wie viele Würfel fehlen noch, damit ein Quader entsteht?

Der Bau besteht aus .... Würfeln.

Zum Quader fehlen noch .... Würfel.

Farbige Würfelbauten

Extrarunde

Die Außenflächen dieser Würfelbauten sind mit einer Farbe angemalt.
Wie viele Holzwürfel erhalten bei Figur A **eine, zwei** oder **drei** angemalte Flächen?
Wie viele Holzwürfel erhalten bei Figur B **drei, vier** oder **fünf** angemalte Flächen?
Wie viele Holzwürfel haben bei beiden Würfelbauten **keine** angemalte Fläche?

A

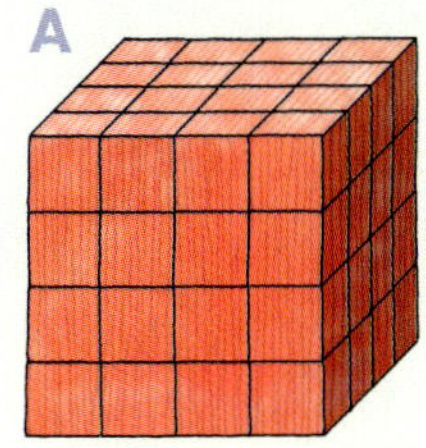

B

Symmetrische Figuren erkennen und herstellen

Wissen und Verstehen

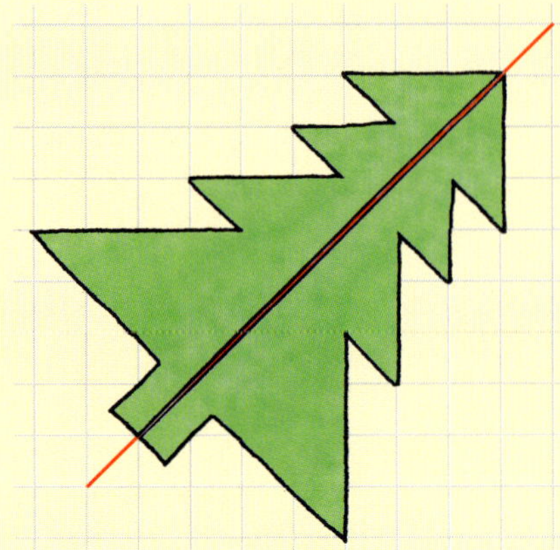

Symmetrische Figuren gibt es überall in der Umwelt.

Spiegel- oder Achsensymmetrie:
Eine ebene Figur heißt **spiegelsymmetrisch (achsensymmetrisch),** wenn es eine Gerade als Achse gibt, die die Figur in zwei deckungsgleiche Hälften zerlegt. Die Achse heißt **Spiegelachse** oder **Symmetrieachse.**

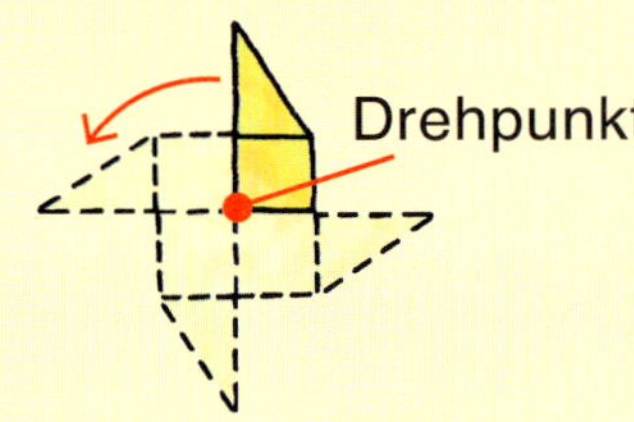

Drehsymmetrie:
Eine ebene Figur heißt **drehsymmetrisch,** wenn es einen Punkt gibt, um den bei einer Drehung mit einem Winkel kleiner als 360° die Figur wieder mit sich selbst zur Deckung kommt. Der Punkt heißt **Drehpunkt.**

Verschiebungssymmetrie:
Wenn sich ein Grundmuster in einem Streifenornament oder in einer ebenen Fläche (Parkettierung) wiederholt, dann liegt eine Verschiebungssymmetrie vor.

Üben

1 Welche Buchstaben des Alphabets sind achsensymmetrisch? Zeichne die Spiegelachsen ein. Welche der Buchstaben sind drehsymmetrisch?

A B C D E
F G H I J K L
M N O P
Q R S T U
V W X Y Z

Symmetrische Figuren erkennen und herstellen

Üben 2 Ergänze zu achsensymmetrischen Figuren.

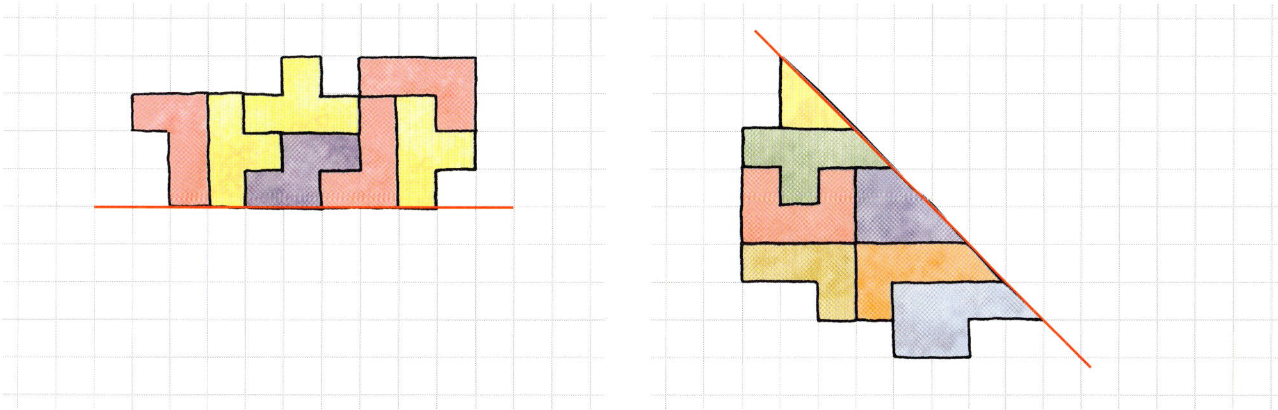

Üben 3 Ergänze zu drehsymmetrischen Figuren.

Üben 4 Setze das durch Verschiebung entstandene Muster so weit wie möglich fort.
Male die Flächen aus.

Bist du fit?

Kannst du ebene Figuren erkennen?

Überlege:

- Hast du die Anzahl der Ecken der Fläche gezählt?
- Hast du bei einem Viereck überprüft, ob die Seiten senkrecht aufeinanderstehen?
- Hast du bei einem Viereck, bei dem die Seiten senkrecht aufeinanderstehen, überprüft, ob die gegenüberliegenden Seiten gleich lang sind?
- Hast du bei einem Viereck, bei dem die Seiten senkrecht aufeinanderstehen, überprüft, ob alle Seiten gleich lang sind?

- Hast du bei einem Dreieck überprüft, ob die Seiten alle gleich lang sind?
- Hast du bei einem Dreieck überprüft, ob zwei Seiten senkrecht aufeinanderstehen?
- Hast du bei einem Dreieck überprüft, ob zwei Seiten gleich lang sind?

Nummeriere jede ebene Figur in der Trainingskarte mit der passenden Zahl.

1 Achteck   2 Sechseck   3 Kreis   4 Fünfeck   5 Quadrat

6 Rechteck   7 Dreieck   8 rechtwinkliges Dreieck   9 Viereck

Kannst du geometrische Körper erkennen?

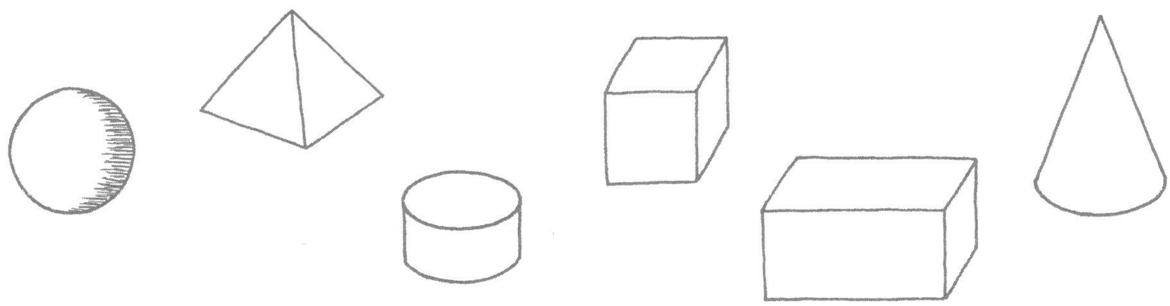

Überlege:

- Hast du überprüft, ob der Körper nur eine Fläche hat?
- Hast du überprüft, ob der Körper zwei Flächen und eine Spitze hat?
- Hast du überprüft, ob der Körper drei Flächen und keine Spitze hat?
- Hast du überprüft, ob der Körper eine Spitze und noch mindestens drei Ecken hat?
- Hast du überprüft, ob der Körper sechs Flächen hat?
- Hast du überprüft, ob alle Kanten gleich lang sind?

Male die Kanten der Körper in der Trainingskarte mit den Farben der dazugehörigen Bezeichnungen an.

Pyramide Würfel Zylinder Quader Kegel Kugel

Muster fortsetzen

Wissen und Verstehen

Bei einem **Muster** wiederholen sich vorgegebene Formen und auch Farben. Es können Streifen (Bänder) und auch Flächen wie Stoff oder Tapete mit Mustern gestaltet werden.

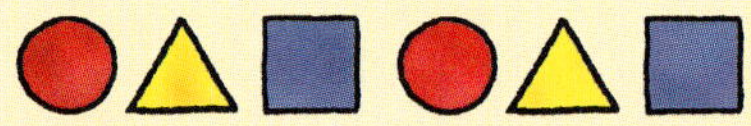

Üben

1 Ergänze die angefangenen Muster so weit wie möglich.

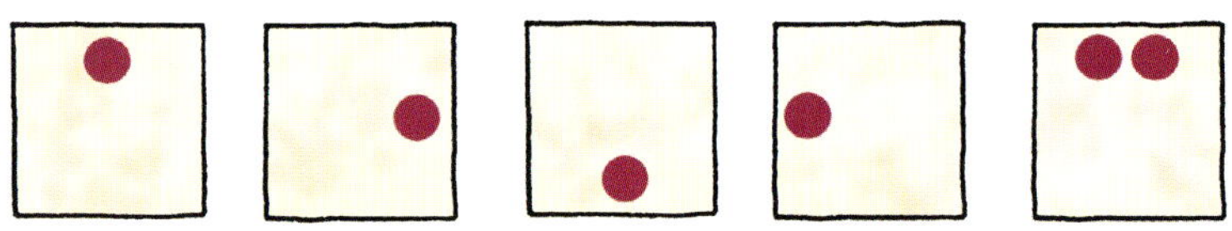

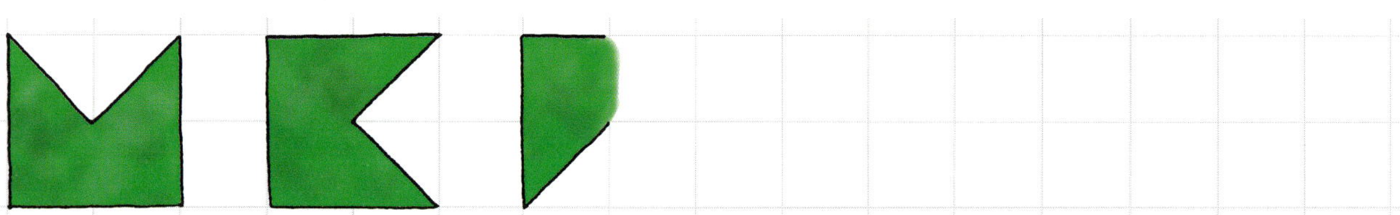

Üben 2 Setze die Muster fort. Benutze dazu die Winkelplättchen von der Ausklappseite.

Üben 3 Welche Figur setzt die Reihe logisch fort?

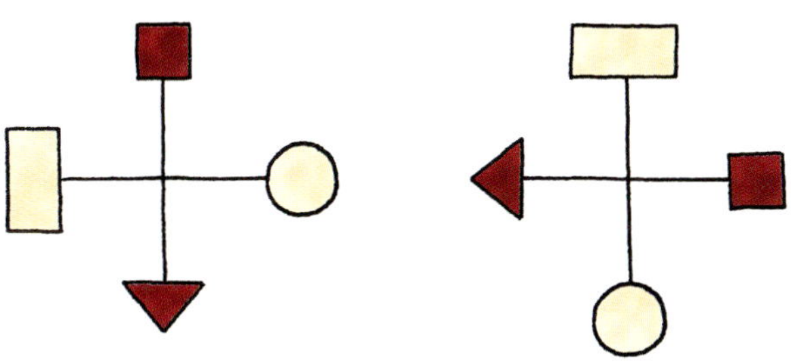

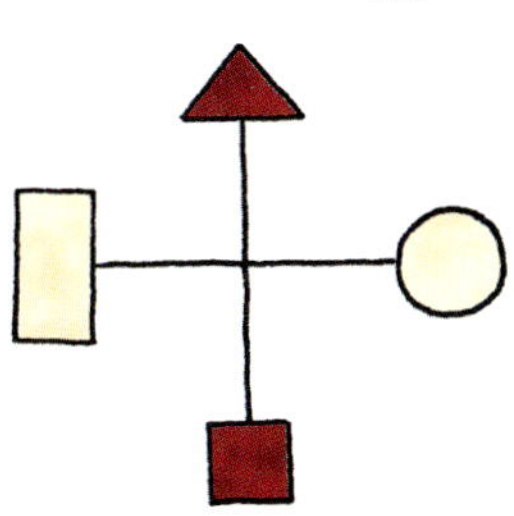

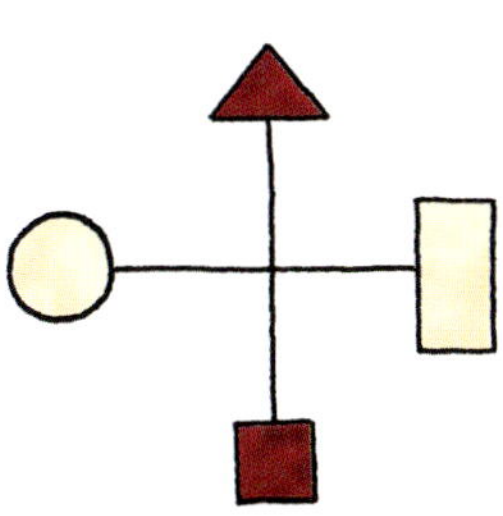

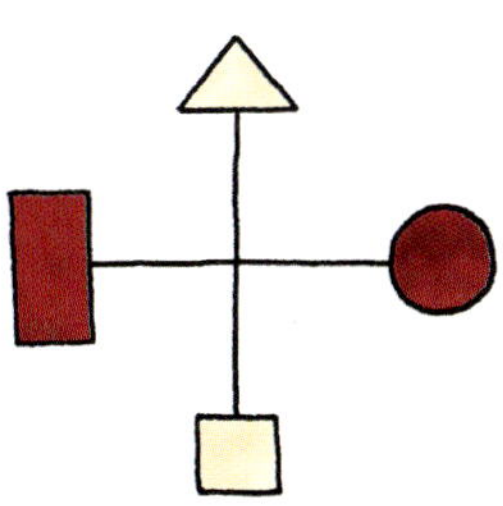

Lösung: .... A B C

Parkettierungen fortsetzen

Wissen und Verstehen

Parkettierungen entstehen, wenn eine Fläche durch wiederholtes Auslegen mit **einer Figur** so abgedeckt wird, dass keine Löcher und keine Überlappungen entstehen. Dabei kann eine Fläche auch mit gebogenen Figuren durch Verschiebung oder Drehung parkettiert werden.

Üben 1

Parkettiere die Flächen vollständig mit der vorgegebenen Figur. Es gibt dabei immer mehrere Möglichkeiten.

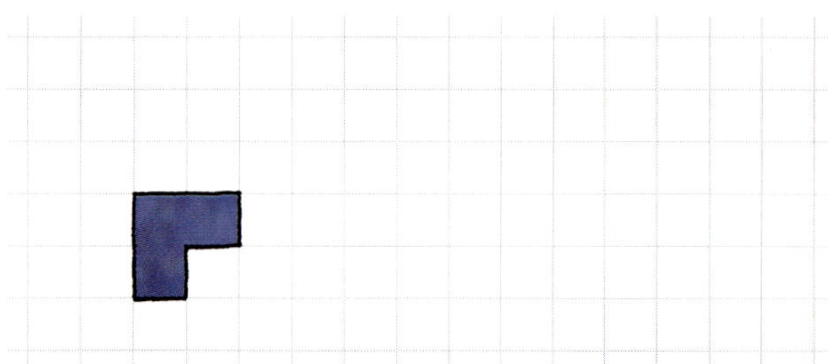

Üben 2

Parkettiere mit dem vorgegebenen Winkelplättchen von der Ausklappseite.

Üben 3

Erfinde eine eigene Parkettierung mit einem Winkelplättchen.

Üben 4 Bastle dir eine Schablone zum Parkettieren.

Du brauchst einen rechteckigen Karton.

Zeichne auf einer Seite ein Muster ein.

Schneide das Muster aus und klebe es mit Klebestreifen an der gegenüberliegenden Seite fest.

Jetzt hast du eine Schablone zum Parkettieren.

Zeichne damit ein Parkettmuster auf.

Extrarunde

Immer ein Streifen mehr

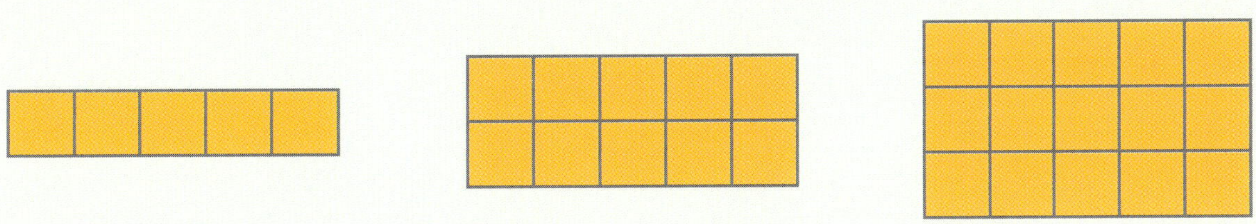

Wie sieht das nächste Bild aus?

Wie viele Kästchen hat das 16. Bild?

Wann haben Muster, die mit einem Dreierstreifen und die mit einem Viererstreifen beginnen, gleich viele Kästchen? Finde mindestens drei Möglichkeiten.

Regeln entdecken und anwenden

Wissen und Verstehen

Bei **Zahlenfolgen,** bei **Aufgaben** zu den vier Grundrechenarten und auch bei den **römischen Zahlen** kannst du Muster entdecken. Du kannst sie aber auch nach bestimmten Regeln selbst herstellen.

Zahlenfolgen:

516, 1 032, 2 064, ...; ......; ......; ......; 66 048 — Regel: · 2

320, 160, 960, 480, ...; ......; ......; ......; 25 920 — Regel: : 2 · 6

Aufgaben:

218 + 112		456 · 2	
	+ 100		· 2
330 + 212		456 · 4	
	+ 100		· 2
542 + 312		456 · 8	
⋮		⋮	
3 102 + ...		..... · 128	

Römische Zahlen:

4	**IV**
14	**XIV**
24	**XXIV**
⋮	
64	**LXIV**

Üben

1 Setze die Reihen fort und ergänze die Regel oder umgekehrt.

60, 90, 120, 150, ..., ..., ..., ..., ..., 330 — Regel: ....

1 340, 1 190, 1 040, 890, ..., ..., ..., 290 — Regel: ....

1 664, 832, 416, ..., ..., ..., ..., 13 — Regel: ....

3, 4, 6, 7, 9, 10, ..., ..., ..., ..., 18, 19 — Regel: ....

13, 39, 117, ..., ..., ..., ..., 28 431 — Regel: ....

1 278, ..., ..., ..., ... — Regel: + 16

2 575, ..., ..., ..., ... — Regel: + 25

20 000, ..., ..., ..., ... — Regel: – 150

3 008, ..., ..., ..., ... — Regel: + 8 – 25

168, ..., ..., ..., ..., ... — Regel: · 5

Üben 2 Fibonacci hieß eigentlich Leonardo von Pisa und lebte von 1175 bis 1250. Er dachte über die Vermehrung von Kaninchen nach und entwickelte daraus eine bekannte Zahlenfolge.
Erkennst du das Muster der Regel?

34, 33, 67, 100, 167, 267, 434, 701, 1 135, 1 836, 2 971, 4 807, …

Regel: ……………………………………………………………………

Setze die Reihen nach der Fibonacci-Regel mit fünf Zahlen fort.

0, 6, ….., ….., ….., ….., …..

100, 101, …….., …….., …….., …….., ……..

20, 19, ….., ….., ….., ….., …..

380, 0, …….., …….., …….., …….., ……..

Erfinde eine eigene Fibonacci-Zahlenreihe.

…….., …….., …….., …….., …….., …….., ……..

Üben 3 Fibonacci einmal verkehrt herum. Die fünfte Zahl soll die Endzahl sein.
Wähle die ersten beiden Zahlen so geschickt, dass die Endzahl zur Lösungszahl wird.
Es gibt dabei immer mehrere Möglichkeiten.

Endzahl: 17

4, 3, 7, 10, 17

1, 5, 6, 11, 17

Endzahl: 20

….., ….., ….., ….., 20

….., ….., ….., ….., 20

Endzahl: 100

…….., …….., …….., …….., 100

…….., …….., …….., …….., 100

Regeln entdecken und anwenden

Üben 4 Finde das Muster und setze die Reihen fort.

2 · 90	III · XXX	1664 : 4	CM : C
3 · 80	III · XL	832 : 4	DCCC : C
4 · 90	III · L	416 : 4	DCC : C

Üben 5 Lege ein Streichholz so um, dass die Rechnung aus römischen Zahlen stimmt.

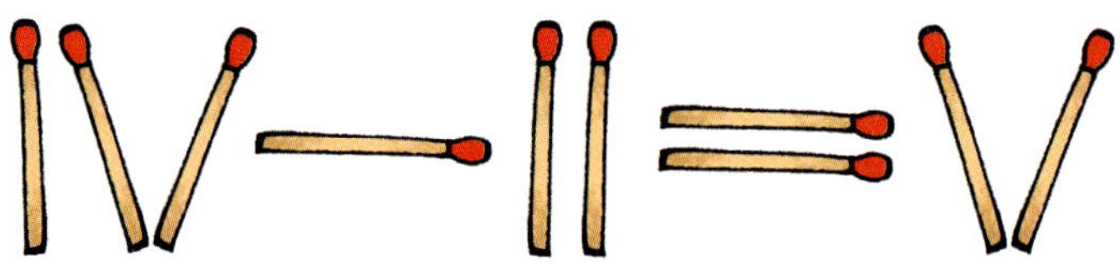

Entferne hier drei Streichhölzer, sodass die Rechnung aus römischen Zahlen richtig ist.

Üben 6 Ergänze die Zahlen in der Rechenmauer und dem Rechendreieck.

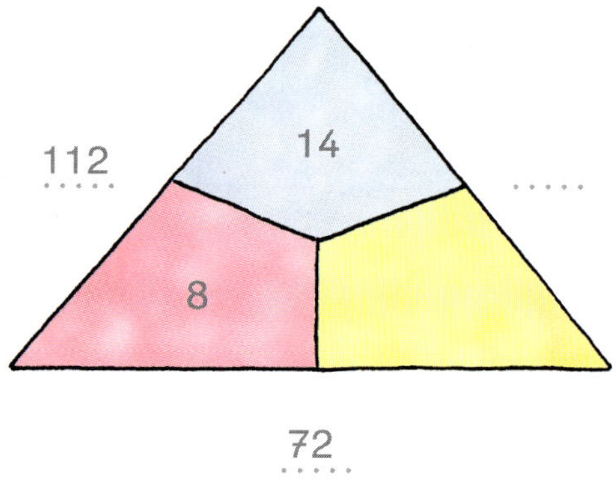

Üben 7 Zauberquadrate gibt es schon lange. Ein sehr berühmtes ist das Quadrat aus einem Kupferstich von Albrecht Dürer. Es entstand 1514. Bei einem Zauberquadrat muss in jeder Zeile, in jeder Spalte und in jeder Diagonale die gleiche Summe entstehen. Finde die Zauberzahlen und ergänze die Zauberquadrate.

Zauberzahl: ....

16	3	2	13
5	10	11	8
9	6	7	12
4	15	14	1

Zauberzahl: 1300

	314	317	330
316	331		
		312	337
313			

Zauberzahl: ....

15	8		24	17
16			5	
		13		4
3	21		12	10
9			18	11

Fragezeichen ersetzen

Extrarunde

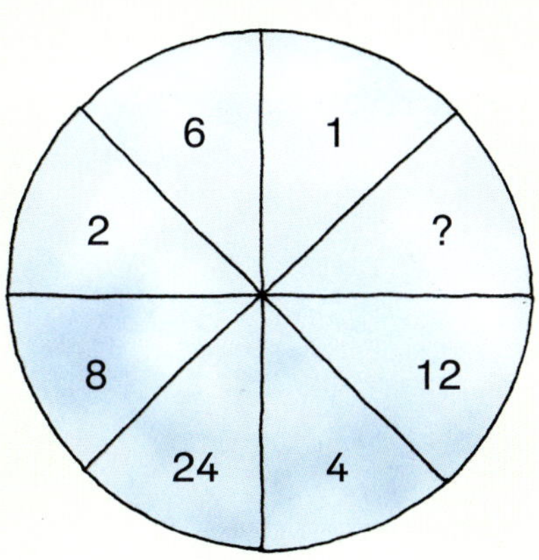

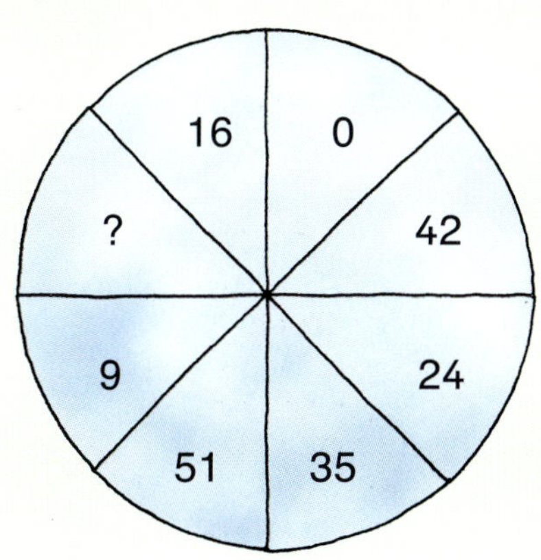

Zusammenhänge erkennen

Wissen und Verstehen

Auch in Sachsituationen, in Tabellen oder in Diagrammen kannst du **Muster** und **Regeln** entdecken. Besonders oft trifft das für Sachaufgaben aus dem Bereich Messen und Größen zu.

Max fährt mit seinem Rennrad auf ebener Strecke mit gleichbleibender Geschwindigkeit. Er legt in einer Stunde 18 km zurück. Wie weit ist er nach 15 Minuten, 30 Minuten und nach 45 Minuten gefahren?

Zeit	1 h	15 min	30 min	45 min
Strecke	18 km	4,5 km	9 km	13,5 km

(1 h → 15 min und 18 km → 4,5 km: : 4; 15 min → 30 min und 4,5 km → 9 km: · 2; 15 min → 45 min und 4,5 km → 13,5 km: · 3)

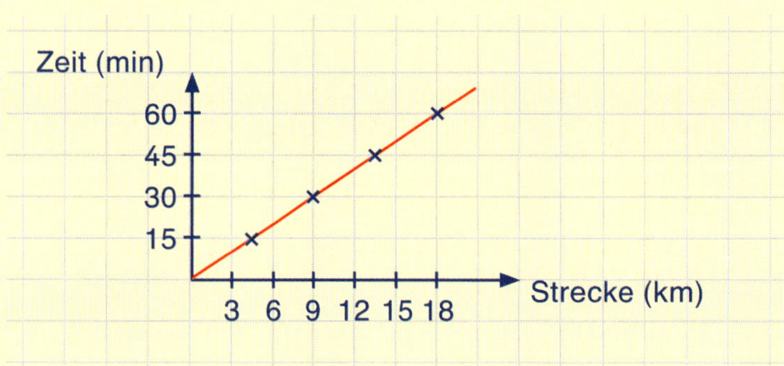

Üben

1 Eine Flasche Mineralwasser kostet 0,36 €. Berechne den Preis und die Flaschenanzahl.

Flaschen	1	3	7	15		
Preis	0,36 €				1,80 €	7,20 €

Ein Kasten Mineralwasser mit 12 Flaschen kostet 3,99 €.
Ist ein Kasten günstiger oder sind 12 einzelne Flaschen billiger?

Antwort: ....

Zusammenhänge erkennen

Üben 2 Das schnellste Landtier ist der Gepard.
Er schafft eine Geschwindigkeit von ungefähr 90 km in der Stunde.
Der Wanderfalke ist noch schneller.
Er schafft 96 km pro Stunde.
Wie viele Kilometer könnten die Tiere zurücklegen, wenn sie immer gleich schnell bleiben würden?
Ergänze die Tabelle.

Zeit	1 h	30 min	$1\frac{1}{2}$ h	3 min	1 min	
km Gepard						6 km
km Wanderfalke						

Üben 3 Der Judoverein braucht neue Trainingsanzüge für die Sportler.
Insgesamt gibt es drei Angebote.
Vergleiche die Angebote. In welchem Angebot ist der einzelne Anzug am billigsten?

Rechnung:

Antwort: Angebot .... ist am günstigsten.

Zusammenhänge erkennen

Üben 4 Ein leerer Autotransporter wiegt 7 100 kg. Er wird mit 14 gleich schweren Autos beladen. Mit den Autos wiegt der Transporter jetzt 20 820 kg.
Wie viel wiegt ein Auto?

Rechenbaum:

Antwort: ....

Üben 5 Erfinde zu dem vorgegebenen Rechenbaum eine eigene Aufgabe.

Rechenbaum:

Meine Aufgabe heißt:

Üben 6 Den Preis für Erdbeeren kannst du aus dem Diagramm ablesen. Ergänze die Tabelle. Überprüfe die Preise auch durch Nachrechnen.

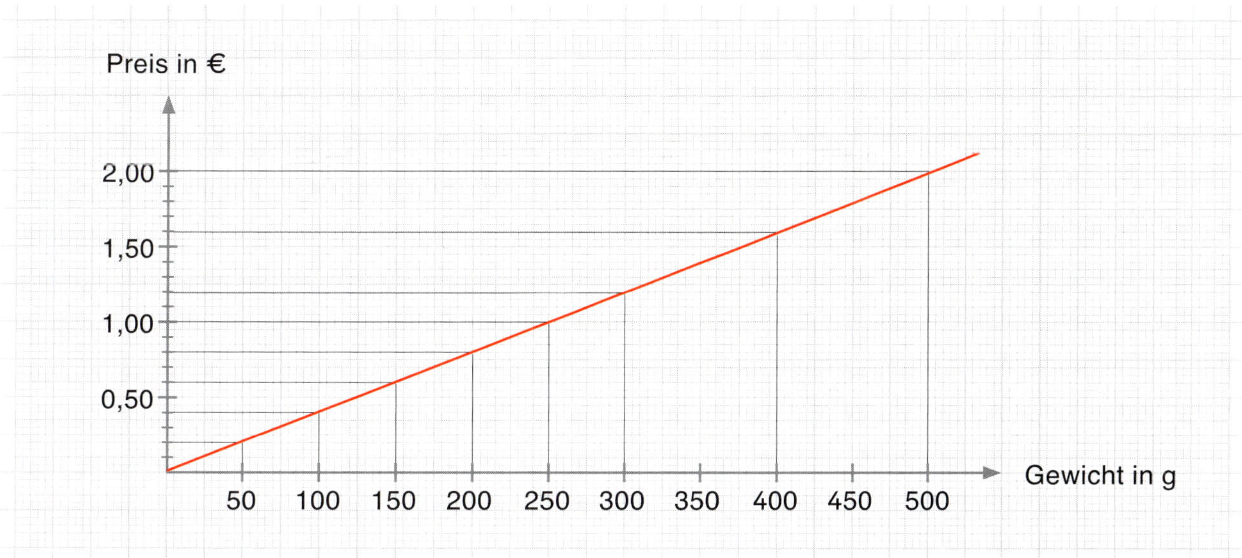

Erdbeeren	50 g	100 g	150 g	200 g	250 g	300 g	400 g	500 g
Preis								

Welche Farbe gewinnt? — Extrarunde

Marc hat 58 Rennautos. Es sind 7 blaue mehr als rote und 4 grüne weniger als rote und zweimal so viele schwarze wie rote. Wie viele Rennautos hat er von jeder Sorte? Von welcher Farbe hat Marc die meisten Rennautos?
Lege eine Tabelle an und probiere aus.

Bist du fit? Können

Kannst du Regeln in Zahlenfolgen entdecken?

68, 92, 116, 140	Regel: ....
8, 12, 24, 28, 56, 60, 120	Regel: ....
145, 142, 150, 147, 155, 152, 160	Regel: ....
128, 384, 1 152, 3 456	Regel: ....
240, 60, 180, 45, 135	Regel: ....
9 999, 3 333, 3 339, 1 113, 1 119, 373, 379	Regel: ....
832, 817, 802, 787	Regel: ....

Überlege: In welcher Beziehung stehen die beiden Ausgangszahlen zueinander?

- Ist die erste Zahl kleiner als die zweite Zahl, dann ist bei der Regel das Operationszeichen + oder ·.
  Ist die erste Zahl größer als die zweite Zahl, dann ist bei der Regel das Operationszeichen – oder :.
- Rechne nun den Unterschied zwischen der ersten und der zweiten und der zweiten und der dritten Zahl aus.
  Ist der Unterschied gleich hoch, dann weißt du, dass die Regel + oder – ist.
  Ist der Unterschied immer wieder anders, dann weißt du, dass die Regel · oder : ist.
  Du musst noch die genaue Zahl durch Ausprobieren herausfinden.
- Manchmal gibt es für eine Zahlenfolge mehr als eine Vorschrift, dann musst du einfach mehrere vorgegebene Zahlen anschauen.

Schreibe die richtige Regel hinter die Zahlenfolge in der Trainingskarte.

+ 24   · 3   – 15   + 4 · 2   – 3 + 8   : 4 · 3   : 3 + 6

Können Bist du fit?

Kannst du Regeln bei Zauberquadraten anwenden?

Zauberzahl: ....

8		6
	5	
4		2

Zauberzahl: ....

8		14	
		7	12
	16	9	6
	5	4	15

Zauberzahl: ....

	24	1	8	15
	5		14	
4				22
10	12	19	21	3
11	18	25		9

Zauberzahl: 960

317		
		316
319		323

Zauberzahl: 2 874

	958	
957		961

Überlege, wie die Zauberzahl lautet:

- Überprüfe zuerst, welche Spalte, Zeile oder Diagonale vollständig ausgefüllt ist.
- Addiere alle vorgegebenen Zahlen. Das ist die Zauberzahl.

Wenn du die Zauberzahl kennst und fehlende Zahlen ergänzen möchtest:

- Überprüfe zuerst, in welcher Spalte, Zeile oder Diagonale nur ein leeres Feld ist.
- Addiere dann alle vorgegebenen Zahlen und subtrahiere diese von der Zauberzahl.
- So machst du es, bis alle Felder ausgefüllt sind.

Färbe in der Trainingskarte immer die Spalte, Zeile oder Diagonale ein, mit der du beginnst.

Geldbeträge schriftlich multiplizieren

Wissen und Verstehen

In vielen europäischen Ländern werden die Geldbeträge in **Euro** und **Cent** angegeben.

: 100
1 Euro = 100 Cent
· 100

So kannst du Geldbeträge in **Kommaschreibweise** schriftlich multiplizieren.

8,45 € · 39 = **?**

Überschlag: 8,45 € ≈ 9,00 €   39 ≈ 40   40 · 9,00 € = 360,00 €

Rechenweg 1:

8,45 € = 845 ct

8	4	5	ct	·	3	9	
		2	5	3	5		
			7	6	0	5	
		1					
		3	2	9	5	5	ct

32 955 ct = 329,55 €

Rechenweg 2:

8,	4	5	€	·	3	9	
		2	5	3	5		
			7	6	0	5	
		1					
		3	2	9,	5	5	€

Auf das Komma kommt es an.

Üben

1 Wandle die Geldbeträge um.

€ in Cent	
10,83 €	1 083 ct
45 € 35 ct	
105,87 €	
0,70 €	
80 €	
0,03 €	
1 000 €	

Cent in €	
763 ct	7,63 €
2 605 ct	
2 ct	
89 677 ct	
3 000 ct	
88 ct	
223 470 ct	

Üben 2 Überschlage zuerst. Multipliziere danach schriftlich.

Ü: ....

21,53 € · 16 =

Ü: ....

128 € 56 ct · 61 =

Üben 3 Anne möchte ein neues Fahrrad kaufen. Von ihrem Taschengeld spart sie jeden Monat 12,36 €. Nach 11 Monaten hat sie die Hälfte des Betrags gespart.
Wie viel kostet das Fahrrad?

Rechnung:

Antwort: ....

Üben 4 Beim Schulfest verkauft die Klasse 4b Brezeln. Sie bezahlt beim Bäcker 49 ct für eine Brezel. Auf dem Fest verlangt sie für eine Brezel 65 ct.
Wie viel Geld verdient die Klasse, wenn sie 210 Brezeln verkauft?

Rechnung:

Antwort: ....

Geldbeträge schriftlich dividieren

Wissen und Verstehen

So kannst du Geldbeträge in **Kommaschreibweise** schriftlich dividieren.

37,25 € : 5 = **?**

Überschlag: 37,25 € ≈ 40,00 €

40,00 € : 5 = 8 €

Rechenweg 1:

37,25 € = 3 725 ct

```
3 7 2 5 ct : 5 = 7 4 5 ct
3 5
  2 2            Probe:
  2 0            7 4 5 ct · 5
    2 5              3 7 2 5 ct
    2 5
      0
```

745 ct = 7,45 €

Rechenweg 2:

```
3 7, 2 5 € : 5 = 7, 4 5 €
3 5
  2 2            Probe:
  2 0            7, 4 5 € · 5
    2 5              3 7, 2 5 €
    2 5
      0
```

Auf das Komma kommt es an.

Üben

1 Wandle die Geldbeträge um und ordne sie nach der Größe.

2 233 ct	508 ct			4 697 ct		
22 € 33 ct		100 € 3 ct			6 € 50 ct	
22,33 €			75,76 €			295,74 €

5,08 € < .... < .... < .... < .... < .... < ....

Üben 2 Überschlage zuerst. Dividiere danach schriftlich und mache die Probe.

Ü: ....   Ü: ....

1 4, 6 0 € : 5 =

2 6 € 9 6 ct : 4 =

Üben 3 Der Sportverein TV Viktoria kauft für 788 € 56 ct acht neue Startblöcke für die Laufwettbewerbe. Was kostet ein einzelner Startblock?

Rechnung:

Antwort: ....

Jede Menge Geld

Extrarunde

Britta hat 32 50-Euro-Scheine und Bernd hat 44 20-Euro-Scheine.
Jeder von ihnen gibt jeden Tag einen Schein aus. Am wievielten Tag haben beide noch gleich viel Geld?

Mit Längenangaben schriftlich multiplizieren

Wissen und Verstehen

Maßeinheiten bei **Längen** sind: Kilometer (km), Meter (m), Zentimeter (cm) und Millimeter (mm).

1 km = 1 000 m
1 m = 100 cm
1 cm = 10 mm

mm → (: 10) → cm → (: 100) → m → (: 1 000) → km

km → (· 1 000) → m → (· 100) → cm → (· 10) → mm

So kannst du Längenangaben in **Kommaschreibweise** schriftlich multiplizieren.

83,15 m · 12 = **?**

Überschlag: 83,15 m ≈ 80 m   12 ≈ 10   80 m · 10 = 800 m

Rechenweg 1:

83,15 m = 8 315 cm

8	3	1	5	c	m	·	1	2		
				8	3	1	5			
				1	6	6	3	0		
				9	9	7	8	0	c	m

99 780 cm = 997,80 m

Rechenweg 2:

8	3,	1	5	m	·	1	2		
			8	3	1	5			
			1	6	6	3	0		
			9	9	7,	8	0	m	

Auf das Komma kommt es an.

Üben 1 Wandle um.

8 km = ... m   5 987 m = ... km

8 392 cm = ... m   6 347 mm = ... cm

18 463 mm = ... m   1 974 cm = ... mm

Üben 2 Überschlage zuerst. Multipliziere danach schriftlich.

17,24 cm · 8 = ...   23,109 m · 18 = ...   31 km 86 m · 11 = ...

Üben 3 Eine Stadionrunde im Olympiastadion ist 425 m lang.
Rechne aus, welche Strecken die Kinder jeweils gelaufen sind.

Läufer	Runde	Strecke
Sabine	16	
Benjamin	12	
Ute	19	
Johannes	23	
Laura	14	
Charlotte	21	

Üben 4 Die Klasse 4d bastelt eine Schlange aus Klopapierrollen. Eine Rolle ist 26,02 cm lang. Das Klassenzimmer hat eine Länge von 10,80 m.
Passt die Schlange der 22 Kinder der Länge nach ins Zimmer, wenn jedes Kind zwei Rollen mitbringt?

Rechnung:

Antwort: ....

Üben 5 In einigen Ländern werden außerdem die Maßeinheiten „Foot“ (Mehrzahl „Feet“) und „Yard“ benutzt. Rechne um und ergänze die Tabelle.

1 Foot	2 Feet	8 Feet	3 Feet (= 1 Yard)	3 Yard	20 Yard
30,48 cm					

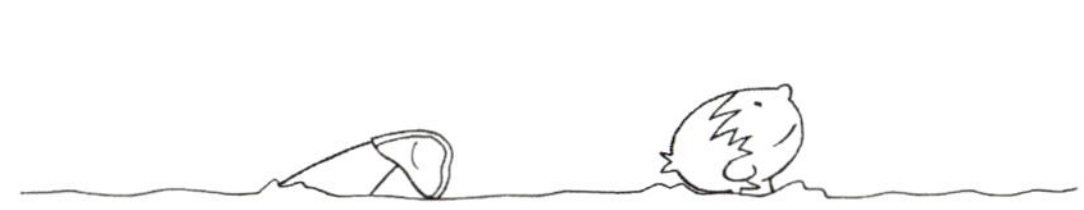

Mit Längenangaben schriftlich dividieren

Wissen und Verstehen

So kannst du Längenangaben in **Kommaschreibweise** schriftlich dividieren.

18,54 m : 18 = 1,03 m

Überschlag: 18,54 m ≈ 20 m   18 ≈ 20   20 m : 20 = 1 m

Rechenweg 1:

18,54 m = 1 854 cm

```
1854 cm : 18 = 103 cm
18
 054        Probe:
  54        103 cm · 18
  00                103
                    824
                   1854 cm
```

103 cm = 1,03 m

Rechenweg 2:

```
18,54 m : 18 = 1,03 m
18
 054        Probe:
  54        1,03 m · 18
  00                103
                    824
                   18,54 m
```

Auf das Komma kommt es an.

Üben

1 Überschlage zuerst. Danach dividiere schriftlich und mache die Probe.

Ü: ....

643,55 cm : 5 =

Ü: ....

2994,83 km : 23 =

Wissen und Verstehen

Bruchteile von Längen können so dargestellt werden:

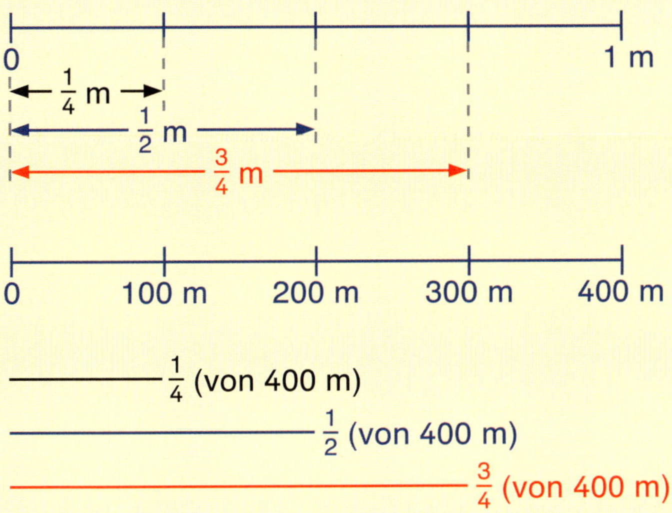

So wird gerechnet:

400 m : 4 = 100 m

400 m : 2 = 200 m

400 m : 4 = 100 m

100 m · 3 = 300 m

Üben

1 Welche Längenangaben sind gleich? Streiche die falschen durch.

$4\frac{1}{2}$ m	=	450 cm	4 500 cm	412 m
$\frac{1}{4}$ km	=	14 m	250 m	2 500 km
$7\frac{3}{4}$ m	=	7,34 m	7,75 m	775 cm
$\frac{1}{8}$ km	=	1 250 m	1,8 km	125 m

Wanderwege

Extrarunde

Lennart erzählt: Der Lindenwanderweg ist 660 km lang. Ich bin mit meinen Eltern $\frac{1}{4}$ davon gelaufen.
Klara behauptet: Ich bin $\frac{3}{4}$ des 240 km langen Eichelwanderwegs gelaufen. Das ist weiter. Überprüfe, ob Klara recht hat.

Mit Gewichten rechnen

Wissen und Verstehen

Maßeinheiten bei **Gewichten** sind: Tonnen (t), Kilogramm (kg) und Gramm (g).

1 t = 1 000 kg
1 kg = 1 000 g

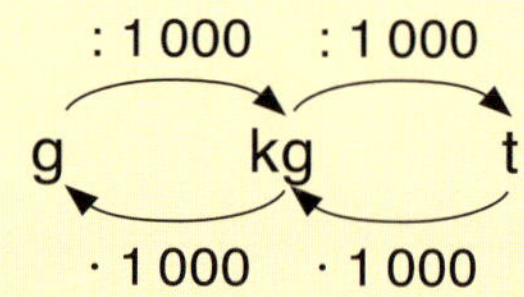

Auch Gewichtsangaben können in **Kommaschreibweise** angegeben werden. Das Komma trennt Kilogramm und Gramm oder Tonne und Kilogramm.

Stellenwerttafel:

kg	100 g	10 g	1 g
1	5	0	0

So schreibst du es auf:

1 500 g = 1 kg 500 g = 1,500 kg oder 1,5 kg

t	100 kg	10 kg	1 kg
2	4	7	5

2 475 kg = 2 t 475 kg = 2,475 t

Beim Rechnen mit Gewichten rechnest du genauso wie bei der Addition, Subtraktion, Multiplikation und Division (siehe auch Geld und Längen). Achte auch hier genau auf die Maßeinheiten und die Kommas.

Üben

1 Ergänze die Tabelle.

Gewichtsangabe	kg	100 g	10 g	1 g
13 kg 27 g				
siebenunddreißigtausend-einhundert Gramm				
	6	3	0	2
0,999 kg				
$\frac{1}{2}$ kg				
7,139 kg				

Üben 2 Was ist schwerer? Unterstreiche die entsprechenden Gegenstände.

2 kg Federn oder 2 kg Steine?

$\frac{1}{4}$ kg Mehl oder 400 g Wasser?

43 675 g Sand oder 40 kg Erde?

2,4 kg Tomaten oder 2 400 g Äpfel?

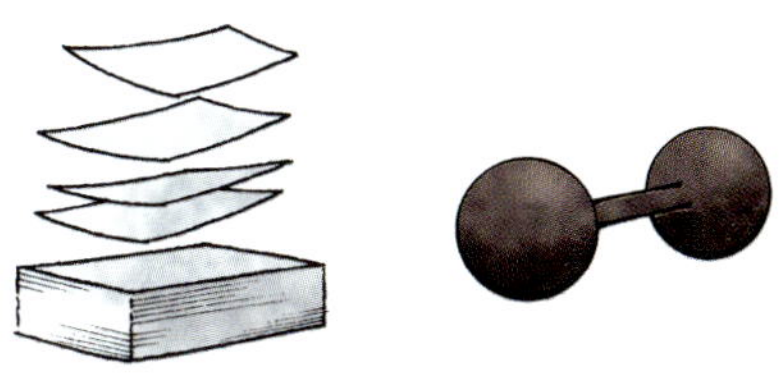

700 050 g Papier oder 70,005 kg Eisen?

Üben 3 Trage die Gewichte der Tiere in die Tabelle ein.

Tier	t	100 kg	10 kg	1 kg
Elefant: 5,7 t 				
Giraffe: 1 t 850 kg 				
Nashorn: 3 537 kg 				
Tyrannosaurus Rex: 6,425 t 				
Blauwal: 137 856 kg 				

Ordne die Gewichtsangaben nach der Größe (<):

.... < .... < .... < .... < ....

Mit Gewichten rechnen

Üben 4 Überschlage zuerst. Multipliziere danach schriftlich.

Ü:	Ü:	Ü: ....
24,567 t · 14 = ...	456 kg 905 g · 18 = ...	0,476 t · 23 = ...
Ü:	Ü:	Ü: ....
41,224 t : 8 = ...	18 kg 912 g : 12 = ...	64,032 kg : 16 = ...

Üben 5 Ein DIN-A4-Blatt wiegt ungefähr 4,8 g. Die Pestalozzischule bestellt 15 Kartons. In jedem Karton sind acht Papierpakete mit jeweils 225 Blatt. Was wiegen die Pakete zusammen?

Rechnung: Ü: ....

Antwort: ....

Üben 6 Ella aus der Pestalozzischule ordnet ihren Mathematikordner. Alle aussortierten Blätter wiegen zusammen 355,2 g. Wie viele Blätter sind das?

Rechnung: Ü: ....

Antwort: ....

Üben 7 Michael kauft für seine Mutter Spargel. 2 kg kosten 12,40 €. Er soll 5 kg kaufen. Wie viel muss er bezahlen?

Rechnung:

Antwort: ....

Üben 8 Am Spargelstand steht der Lastwagen des Gemüsehändlers mit einem Ladegewicht von 1,5 t. Michael entdeckt große und kleine Kisten mit Spargel. In einer kleinen Kiste sind 14 kg, in einer großen Kiste sind 40 kg verpackt. Der Junge zählt 24 große Kisten. Das Gewicht des Lastwagenfahrers schätzt er auf 85 kg. Wie viele kleine Kisten kann der Lkw höchstens geladen haben?

Rechnung:

Antwort: ....

Jede Menge Geld — Extrarunde

Die Schwestern Lisa, Kathrin und Rita wiegen zusammen 105 kg. Lisa wiegt 30 kg. Kathrin wiegt die Hälfte von Rita. Wie viel wiegt Kathrin und wie viel Rita?

Bruchteile von Rauminhalten anwenden

Wissen und Verstehen

Flüssigkeiten werden in Liter (l) oder Milliliter (ml) gemessen.

1 l = 1 000 ml

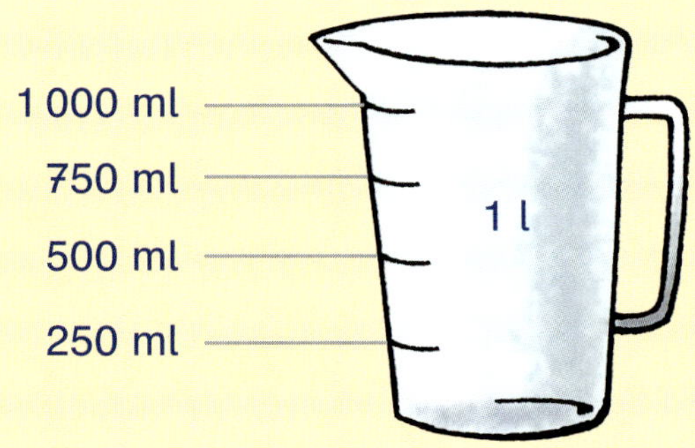

Bruchteile von einem Liter können so dargestellt werden:

Bruchschreibweise:	So rechnest du:
$\frac{1}{8}$ l	1 000 ml : 8 = 125 ml = 0,125 l
$\frac{1}{4}$ l	1 000 ml : 4 = 250 ml = 0,25 l
$\frac{1}{2}$ l	1 000 ml : 2 = 500 ml = 0,5 l
$\frac{3}{4}$ l	1 000 ml : 4 = 250 ml
	250 ml · 3 = 750 ml = 0,75 l

Üben 1

Zeichne die Füllmenge so genau wie möglich in die Messbecher ein.

$\frac{1}{4}$ l   700 ml $\frac{1}{8}$ l   850 ml $\frac{1}{2}$ l   300 ml

Üben 2

Wandle um.

ml in l	
500 ml	$\frac{1}{2}$ l
5 000 ml	
9 999 ml	
450 ml	

l in ml	
7 l	7000 ml
$6\frac{1}{8}$ l	
$2\frac{1}{2}$ l	
1,607 l	

Üben 3 Ergänze die Rechenräder. Wie viel fehlt zu einem Liter, wie viel zu einem halben Liter?

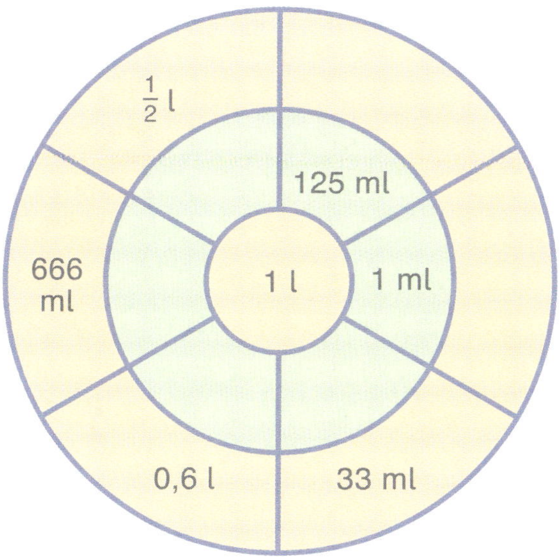

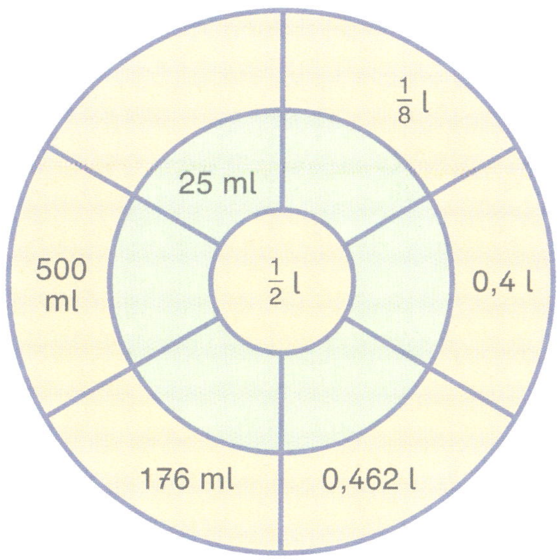

Üben 4 Vergleiche und setze >, < oder = ein.

500 ml	◯	$\frac{1}{2}$ l	340 ml	◯	$\frac{3}{4}$ l	6 l	◯	6 001 ml
$2\frac{1}{4}$ l	◯	230 ml	10 l	◯	10 000 ml	8,9 l	◯	890 ml
1,2 l	◯	120 ml	8 000 ml	◯	8 l	0,4 l	◯	40 ml
100 l	◯	100 000 ml	4,5 l	◯	45 000 ml	$2\frac{3}{4}$ l	◯	275 ml

Üben 5 Ordne der Größe nach. Beginne mit der kleinsten Menge. Schreibe die Buchstaben in der richtigen Reihenfolge auf.

$\frac{1}{4}$ l **S** 35 ml **H** 400 ml **R** $\frac{1}{8}$ l **C**

0,04 l **O** 1 l **N** 0,3 l **P**

0,7 l **U** 12 000 ml **G** 150 ml **H**

Lösungswort: ....

Mit Rauminhalten rechnen

Wissen und Verstehen

Auch Rauminhalte können in **Kommaschreibweise** angegeben werden.
Das Komma trennt Liter und Milliliter.

Stellenwerttafel:

l	100 ml	10 ml	1 ml
3	2	0	0

So schreibst du es auf:

3 200 ml = 3 l 200 ml = 3,200 l oder 3,2 l

Beim Rechnen mit Rauminhalten rechnest du genauso wie bei der Addition, Subtraktion, Multiplikation und Division (siehe auch Geld und Längen). Achte auch hier genau auf die Maßeinheiten und die Kommas.

Üben 1

Rechne aus.

450 ml + 0,2 l + $\frac{1}{4}$ l = ...

5 l − $2\frac{3}{4}$ l − $\frac{1}{8}$ l = ...

Üben 2

In einem Kasten sind 12 Flaschen mit 0,7 l Inhalt. Die Flaschen sind gemischt: 5 Flaschen Apfelsaft, 3 Flaschen Zitronenlimonade und 4 Flaschen Kirschsaft.
Wie viel Liter sind insgesamt in einem Kasten und wie viel von einer Sorte?

Rechnung:

Antwort: Insgesamt sind es ....:

Apfelsaft: ...., Zitronenlimonade: ...., Kirschsaft: ....

Üben 3 Welches Angebot ist günstiger? Berechne den Literpreis mit einer Tabelle.

Angebot A: Eine Kiste mit 6 Flaschen Mineralwasser (jeweils1,5 l) kostet 3,24 €.
Angebot B: Ein Karton mit 12 Flaschen (jeweils 0,5 l) kostet 2,28 €.

Rechnung:

Antwort: Literpreis Angebot A: .... Literpreis Angebot B: ....

Üben 4 In Sylvies Planschbecken sind 255 Liter Wasser. Im Becken ihrer Nachbarin Emma sind nur 185 l. Die Mädchen beschließen, so viel Wasser umzufüllen, dass in beiden Becken gleich viel Wasser ist.

Rechnung:

Antwort: ....

Ein Umfüllproblem

Extrarunde

Thomas hat einen vollen Kanister mit 8 l Wasser. Außerdem hat er noch einen Kanister mit 5 l und einen mit 3 l. Wie schafft er es, nur durch Umfüllen genau einen Liter Wasser abzumessen? Schreibe oder male auf.

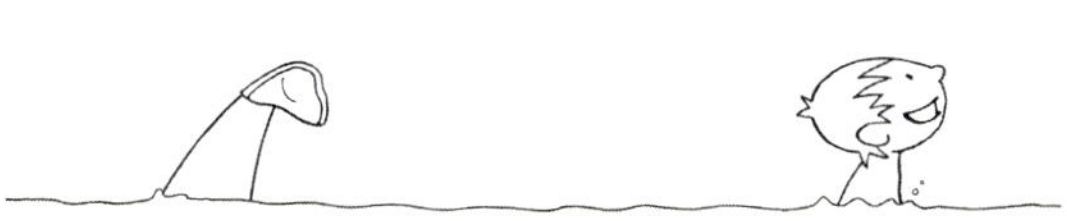

Zeitspannen und Zeitpunkte bestimmen

Wissen und Verstehen

Mit einem Pfeilbild oder mit einem Rechenstrich ist es ganz einfach, die **Zeitspanne** oder die **Zeitdauer** oder die **Zeitpunkte** auszurechnen.

6.54 Uhr (Zeitpunkt) → + 7 h 21 min (Zeitdauer oder Zeitspanne) → 14.15 Uhr (Zeitpunkt)

6.54 Uhr → + 7 h → 13.54 Uhr → + 21 min → 14.15 Uhr

Üben

1 Berechne die Zeitdauer oder den Zeitpunkt.

→ .... h .... min

→ 6 h 26 min

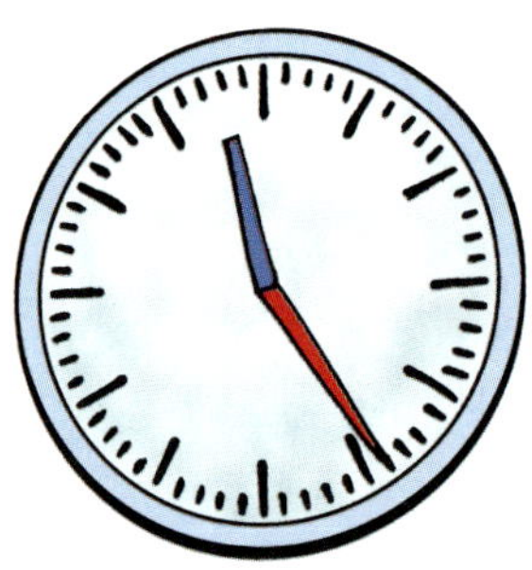

→ 13 h 12 min

Zeitspannen und Zeitpunkte bestimmen

Üben 2 Ein Marathonlauf startete um 16.15 Uhr. Der Sieger benötigte 2 h 18 min. Der zweitschnellste Läufer brauchte 11 min länger. Um wie viel Uhr erreichte er das Ziel? Löse die Aufgabe mit einem Pfeilbild.

Antwort: ....

Üben 3 Corinna kommt um 17.43 Uhr mit dem Bus vom Handballtraining im Stadion nach Hause. Sie hat 2 h 17 min trainiert. Dazwischen hat sie 30 min Pause gemacht. Für die Hin- und Rückfahrt braucht sie jeweils 13 min. Der Bus fährt immer zur vollen und zur halben Stunde. Wann ist sie mit dem Bus ins Stadion gefahren? Löse die Aufgabe mit einem Rechenstrich.

Antwort: ....

Üben 4 Beim Fußball dauert eine Halbzeit normalerweise 45 Minuten. Pauls Mannschaft begann ihr Spiel um 14.20 Uhr. Der Schiedsrichter ließ in der ersten Halbzeit 2 Minuten nachspielen. Die Halbzeitpause dauerte 19 Minuten. Um 16.14 Uhr pfiff der Schiedsrichter das Spiel ab. Wie lange ließ der Schiedsrichter in der 2. Hälfte nachspielen?

Antwort: ....

Rechnen mit Zeitangaben

Wissen und Verstehen

Beim Rechnen mit Zeitangaben musst du die **Einheiten** ganz genau beachten.

Jahre, Monate, Tage, Stunden (h), Minuten (min) oder **Sekunden (s).**

1 Jahr = 12 Monate = 365 Tage oder 366 Tage

1 Monat dauert zwischen 28 und 31 Tagen.

1 Woche = 7 Tage

1 Tag = 24 Stunden

1 Stunde = 60 Minuten

1 Minute = 60 Sekunden

Üben 1

Schreibe auf, welche Zeitangaben sinnvoll sind.

die Dauer der Sommerferien ....

dein Alter ....

die Dauer deines Schulwegs ....

die Zeit, die man braucht, um einen Luftballon aufzublasen ....

die Zeit bis zu deinem nächsten Geburtstag ....

Sekunden? Wochen? Tage? Minuten? Stunden? Monate? Jahre?

Üben 2

Wandle um.

Wochen ⇄ Tage	
4 Wochen 4 Tage	
	90 Tage
101 Wochen 6 Tage	
	1 736 Tage

Monate ⇄ Jahre	
	$4\frac{1}{2}$ Jahre
180 Monate	
	10 Jahre 9 Monate
244 Monate	

Üben 3 Zeichne ein, wann der Unterricht beginnt.

Mein Wecker klingelt 420 Minuten nach Mitternacht. Zum Anziehen, Waschen und Frühstücken brauche ich 50 Minuten. Dann laufe ich 16 Minuten bis zur Schule und habe noch 9 Minuten Zeit, mit meinen Freunden zu spielen, bis der Unterricht beginnt.

Üben 4 Wie viele Wochen und Tage dauern die Ferien insgesamt?

Weihnachtsferien: 2 Wochen und 1 Tag
Winterferien: 5 Tage
Osterferien: 1 Woche 4 Tage
Pfingstferien: 13 Tage
Sommerferien: den ganzen Monat August
und 14 Tage im September
Herbstferien: 1 Woche

Antwort: Insgesamt dauern die Ferien .... Wochen und .... Tage.

Pilotentreffen

Extrarunde

Vier Piloten aus verschiedenen Ländern treffen sich am gleichen Tag am Frankfurter Flughafen. Der Pilot aus Italien landet nur alle 6 Wochen, der Pilot aus Frankreich nur alle 8 Wochen, der aus der Türkei nur alle 12 Wochen und der amerikanische sogar nur alle 16 Wochen wieder in Frankfurt.
Nach wie vielen Wochen treffen sie sich alle wieder in Frankfurt?

Kannst du Maßeinheiten umwandeln?

945 ct = ... €	3 cm = ... mm	6 450 g = ... kg
7 km = ... cm	6 250 ml = ... l	3 065 g = ... kg
120 000 ct = ... €	18 l = ... ml	7 200 kg = ... t

Überlege:

- Hast du bei Geldbeträgen mit der Umrechnungszahl 100 gerechnet?
- Hast du bei Längen mit der Umrechnungszahl 10 oder dem Vielfachen von 10 gerechnet?
- Hast du bei Gewichten mit der Umrechnungszahl 1 000 oder dem Vielfachen von 1 000 gerechnet?
- Hast du bei Rauminhalten (Hohlmaßen) mit der Umrechnungszahl 1 000 gerechnet?
- Hast du mit der Umwandlungszahl multipliziert, wenn in eine kleinere Einheit umgewandelt werden soll?
- Hast du durch die Umwandlungszahl dividiert, wenn in eine größere Einheit umgewandelt werden soll?

Male die Ergebnisse unten und die passende Aufgabe in der Trainingskarte mit der gleichen Farbe an.

9,45 € | 700 000 cm | 6,25 l | 62,5 l | 6,45 kg | 30 mm

120 € | 70 000 cm | 625 l | 3,065 kg | 1 200 €

945 € | 6,3 m | 94,50 € | 18 000 ml | 7,2 t | 1 800 ml | 30,65 kg

Kannst du mit Bruchteilen rechnen?

$\frac{1}{4}$ l = ... ml $1\frac{1}{2}$ cm = ... mm $3\frac{1}{2}$ t = ... kg

$\frac{3}{4}$ von 44 cm = ... cm $\frac{1}{8}$ von 960 kg = ... kg $1\frac{3}{4}$ m = ... cm

$\frac{3}{4}$ kg = ... g $2\frac{3}{4}$ l = ... ml $\frac{3}{4}$ von 80 000 = ... $\frac{3}{8}$ von 120 000 = ...

Wanderweg: 6 km, nach $\frac{2}{3}$ des Weges wurde eine Pause gemacht. ....

Überlege:

- Hast du überprüft, ob der Bruchteil mit einer Maßeinheit angegeben ist?
  $\frac{3}{4}$ km
- Hast du dann mit der richtigen Maßeinheit gerechnet?
  $\frac{3}{4}$ von 1 000 m
- Hast du überprüft, ob du mit der Zahl über dem Bruchstrich multipliziert und mit der unter dem Bruchstrich dividiert hast?
  $3 \cdot 1\,000$ m = 3 000 m 3 000 m : 4 = 750 m
- Hast du bei einem Bruchteil ohne Maßeinheit die richtige Basiszahl benutzt?
  $\frac{1}{4}$ der 80 000 Zuschauer waren Frauen: $\frac{1}{4}$ von 80 000 = 20 000

Trage die passenden Ergebnisse in die Trainingskarte ein:

250 ml | 15 mm | 33 cm | 750 g | 60 000 | 2 750 ml

120 kg | 175 cm | 4 km | 3 500 kg | 45 000

Daten in Pfeilbilder übertragen

Wissen und Verstehen

Daten können in Schaubilder wie Pfeilbilder, Rechenbäume, Tabellen oder Diagramme übertragen oder aus ihnen abgelesen werden.
Häufig kommen Daten in Sachaufgaben vor, die in Textform geschrieben sind. Die Texte musst du dann besonders genau lesen (siehe Seite 38).
Schaubilder helfen, die Daten auf einen Blick zu erfassen und Rechenwege zu verdeutlichen.

Pfeilbilder kommen meistens bei Aufgaben vor, bei denen mit Zeiteinheiten gerechnet wird.

Eine Trainingseinheit in einem Schwimmverein dauert immer 45 Minuten. Normalerweise beginnt das Training um 14.30 Uhr. Weil der Trainer zu spät kommt, beginnt es erst um 14.47 Uhr. Wann ist das Training an diesem Tag beendet?

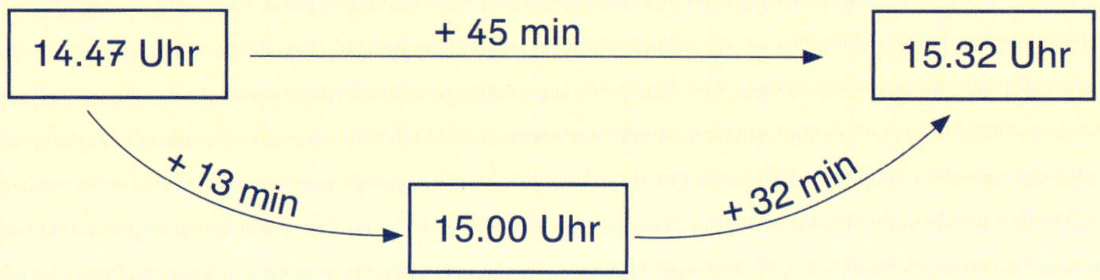

Üben

1 Simon nimmt an einem Schwimmtraining teil. Das erste Training beginnt um 8.15 Uhr. Anschließend hat er eine erste Pause von 10.05 Uhr bis 10.25 Uhr und später noch eine zweite Pause von 11.55 Uhr bis 12.15 Uhr. Um 14.30 Uhr ist das Training zu Ende. Wie lange hat Simon tatsächlich trainiert?

Pfeilbild:

Antwort: ....

Daten in Rechenbäume übertragen

Wissen und Verstehen

Rechenbäume eignen sich besonders, wenn von der Einheit zur Mehrheit oder umgekehrt gerechnet werden soll.

Bei einem Schwimmfest nehmen 80 Teilnehmer teil.
Alle besuchen auch ein Grillfest,
das jeder selbst bezahlen muss.
Der Verein hat 1 120 € eingenommen.
Wie viel hat jede Person bezahlt?

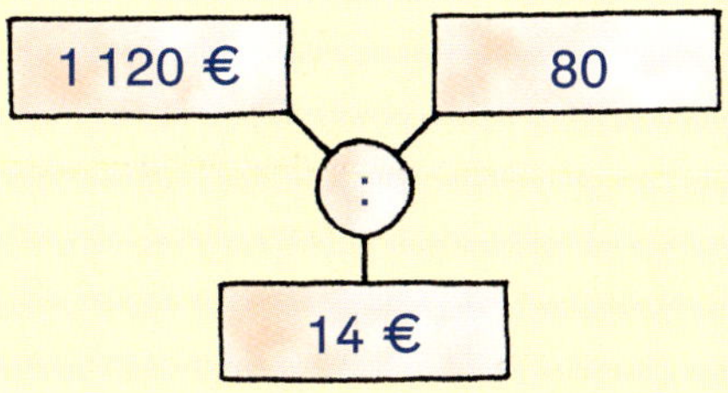

Üben 1

Ein Auto verbraucht auf 100 km 7,2 l Benzin.
Wie viel Liter verbraucht es auf 800 km?

Rechenbaum:

Antwort: ....

Üben 2

Alex möchte sein Zimmer neu streichen. Ein halber Liter Farbe kostet 3,25 €. Insgesamt muss Alex 26 € für die Farbe bezahlen.
Wie viel Liter hat er gekauft?

Rechenbaum:

Antwort: ....

Daten in Tabellen übertragen und umgekehrt

Wissen und Verstehen

Tabellen als Schaubilder sind bei allen möglichen Aufgaben zu finden.
In Tabellen lassen sich viele Daten sehr übersichtlich darstellen.
Es ist dann ganz einfach, Informationen auf einen Blick zu erfassen.

Anzahl Kinder	Anzahl Mädchen	Anzahl Jungen
𝍸 𝍸 𝍸 𝍸 𝍸 II	𝍸 𝍸 𝍸 I	𝍸 𝍸 I

· 10
· 4

Stück	1	4	10
Preis	20 ct	80 ct	200 ct

· 4
· 10

Üben 1

Die Schillerschule hat eine Tabelle mit ihren Lieblingssportarten erstellt. Ergänze sie und vervollständige den Text.

Sportart	Mädchen	Jungen	Gesamtanzahl
Basketball	XXII	XXXXXXIIIII	87
Fußball	XXI	XXXXIII	
Handball	XXXXXXIIII	XXI	

X = 10 Stimmen
I = eine Stimme

In die Schillerschule gehen insgesamt .... Kinder.

Der Lieblingssport der Mädchen ist ....

Die Jungen spielen am liebsten ....

Üben 2

Ergänze die Tabelle zum Benzinverbrauch eines Lkws.

Benzinverbrauch in l	28				196	266
gefahrene Kilometer	100	300	550	25		

Wissen und Verstehen

In **Diagrammen** können Daten dargestellt und vielfältige Informationen können auf einen Blick aus Diagrammen abgelesen werden.

In einem Schwimmverein sind Kinder aus ganz Europa. 12 Kinder kommen aus Deutschland, 3 aus Italien, 7 aus der Türkei, 2 aus Griechenland, 4 aus Spanien und 1 Kind aus Kroatien.

Streifendiagramm:

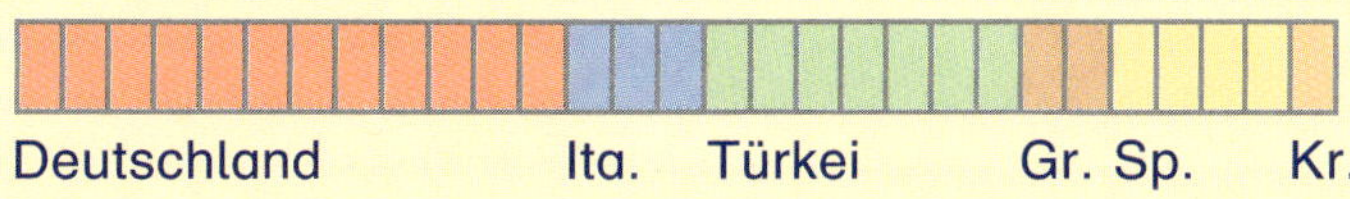

Säulendiagramm:

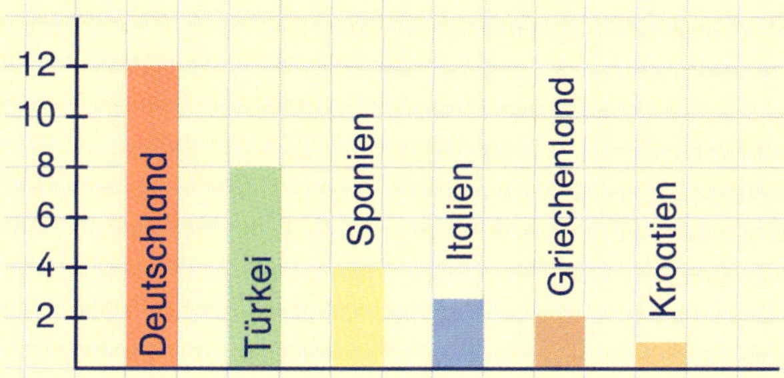

Balkendiagramm:

Kreisdiagramm:

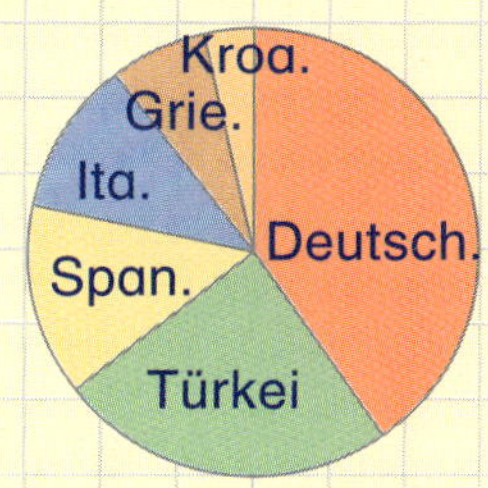

Üben

1 Die Klasse 4a erstellte eine Tabelle zu ihren Lieblingstieren.

Tierart	Wellensittich	Hase	Katze	Hund
Anzahl Schüler	IIII	𝍸 𝍸	𝍸 I	𝍸 III

Erstelle ein Streifendiagramm und ein Kreisdiagramm mit den entsprechenden Farben.

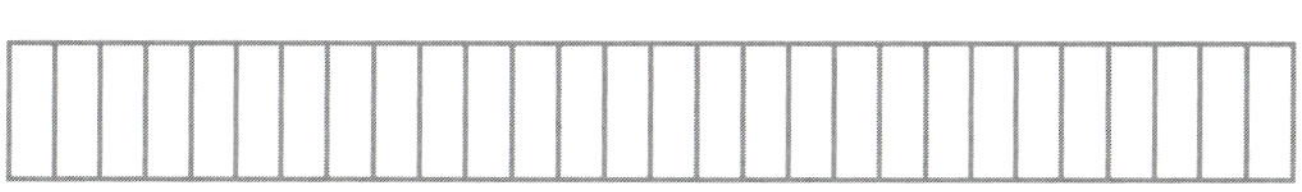

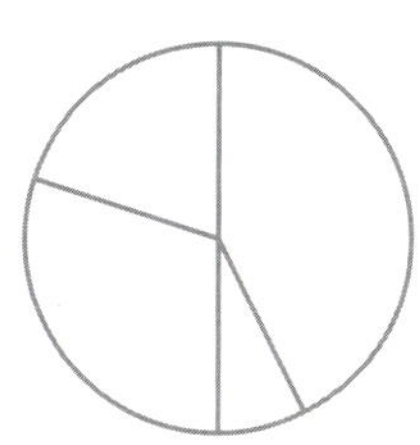

Daten in Diagramme übertragen und umgekehrt

Üben 2 Die Schüler der Goetheschule kaufen in der großen Pause die in dem Balkendiagramm gezeigten Getränke.

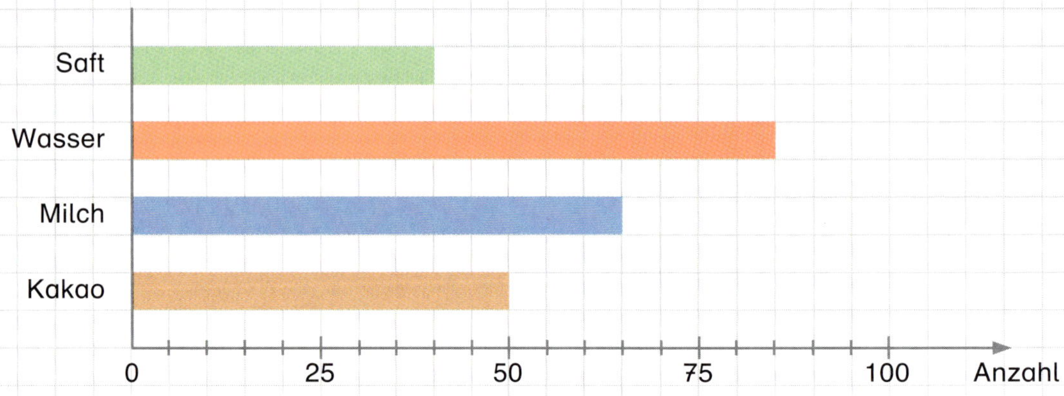

Welches Kreisdiagramm wurde richtig gezeichnet? Kreuze an.

☐ 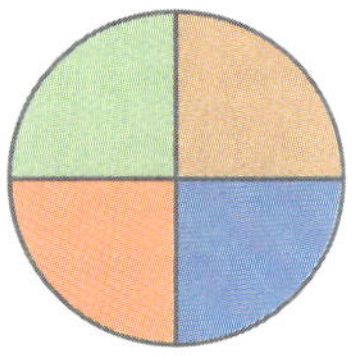 ☐ 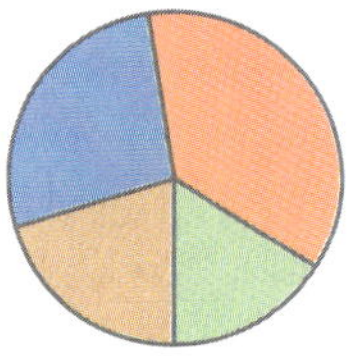 ☐ 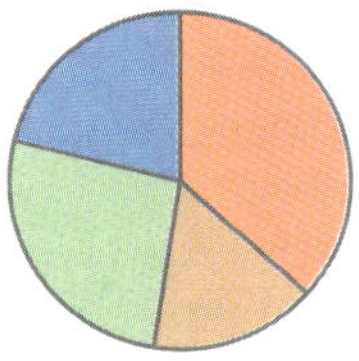

Vervollständige das Säulendiagramm und ergänze den Satz.

Das beliebteste Pausengetränk ist ....

Insgesamt kaufen .... Kinder in der Pause Getränke.

Üben 3 Die Fußball-WM in Deutschland zog viele Zuschauer an.
Zu den Spielen von Deutschland kamen besonders viele Menschen ins Stadion.
Runde die Zuschauerzahlen auf volle Tausender.

Deutschland gegen	Zuschauer	gerundet auf Tausender
Costa Rica	59 416	59 000
Polen	64 928	
Ecuador	70 246	
Schweden	66 112	
Argentinien	71 709	
Italien	64 289	
Portugal	51 580	

Balkendiagramm

Stelle die gerundeten Zuschauerzahlen in einem Balkendiagramm dar.
0,5 mm entsprechen dabei 1 000 Zuschauern.

Extrarunde

Schwimmfest

An einem Schwimmfest nehmen insgesamt 108 Kinder teil. Es schwimmen dreimal so viele Jungen wie Mädchen mit. Wie viele Mädchen und wie viele Jungen sind es genau? Eine Tabelle hilft dir bei der Lösung.

Mit Würfeln spielen

Wissen und Verstehen

Bei **Zufallsexperimenten** kann der Ausgang nicht sicher vorausgesagt werden, auch wenn der Zufallsvorgang bei gleicher Ausgangslage beliebig oft wiederholt wird.
Zu den Zufallsexperimenten gehören z. B. Aufgaben mit Würfeln.

Florian und Nic spielen: „Die höchste Zahl gewinnt“. Sie würfeln nacheinander dreistellige Zahlen und entscheiden bei jedem Wurf, an welcher Stelle ihre gewürfelte Zahl eingetragen wird.

Florian	Nic
Wurf 1: ....3..	Wurf 1: ....
Wurf 2:	Wurf 2: ....
Wurf 3:	Wurf 3: ....

Der Ausgang des Spiels ist nicht vorhersagbar, weil er nicht nur von der Strategie, sondern auch vom Würfelglück abhängt.

Üben

1 Für diese Übung brauchst du einen normalen Spielwürfel. Wenn du einen acht- oder zehnseitigen Würfel besitzt, kannst du auch diesen verwenden.

Würfle 7-mal und trage jede gewürfelte Augenzahl an einer beliebigen Stelle der Stellenwerttabelle in einer Zeile ein. Bilde dabei möglichst große oder möglichst kleine Zahlen. Du kannst die Zahlen auch auf dem Rechenbrett legen.

Mit einem Partner kannst du ein Spiel daraus machen:
Wer würfelt die größte Zahl? Wer die kleinste?

M	HT	ZT	T	H	Z	E

Mit Würfeln spielen

Üben 2 Spiele „Triff die 1 000“. Besorge dir einen Würfel und würfle 6-mal. Schreibe die Augenzahlen auf und bilde daraus drei beliebige zweistellige Zahlen. Multipliziere zwei Zahlen und addiere die dritte Zahl dazu. Versuche, so nah wie möglich an die 1 000 heranzukommen.
Wenn du einen Partner hast, könnt ihr daraus ein Spiel machen.

43 · 26 = 1 118
1 118 + 51 = 1 169

45 · 21 = 945
945 + 63 = 1 008 gewonnen

Üben 3 Würfle mit zwei Spielwürfeln. Pro Wurf darfst du nur ein Kreuzchen machen und nur dann, wenn der Wurf die Bedingung erfüllt. Kannst du nach einem Wurf kein Kreuzchen setzen, musst du ein noch leeres Feld streichen.
Nach sieben Würfen endet das Spiel. Wie viele Felder konnten angekreuzt werden?
Beim Spiel mit einem Partner ist der Spieler mit den meisten Kreuzchen am Ende der Sieger.

Beispiel: Klara würfelt eine 5 und eine 4. Sie muss sich zwischen „Die Summe ist gerade“ und „Die Summe ist >8“ entscheiden.
Sind beide Felder bereits angekreuzt, muss ein anderes Feld gestrichen werden.

	Spieler 1	Spieler 2
Die Summe ist gerade.		
Die Summe ist ungerade.		
Beide Augenzahlen sind gleich.		
Die Summe ist > 8.		
Die Summe ist < 6.		
Die Summe ist = 7.		
Ein Würfel zeigt eine 6.		

Wahrscheinlichkeiten vorhersagen

Wissen und Verstehen

Bei Aufgaben, bei denen du kombinieren musst, kannst du Wahrscheinlichkeiten vorhersagen und auch überprüfen.

Zoe hat eine Schachtel mit 12 bunten Haargummis. Davon sind 6 rot, 2 gelb und 4 hellblau. Sie nimmt ohne hinzuschauen Haargummis aus der Schachtel. Wie viele Haargummis muss sie mindestens und wie viele höchstens herausnehmen, um ein Paar in der gleichen Farbe zu haben?

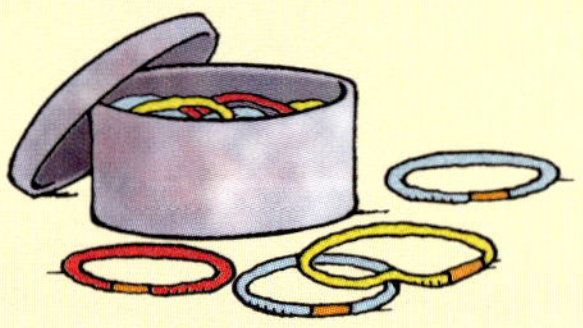

Sie muss mindestens zweimal und höchstens viermal in die Schachtel greifen, denn beim vierten Mal passt auf jeden Fall das Haargummi zu einem der ersten drei Haargummis.

Üben

1 Nimm zwei Spielwürfel und würfle. Addiere beide Augenzahlen. Welche Summen sind dabei möglich? Schreibe sie auf.

Mögliche Summen: ....

Vermute, welche Summe du bei 20 Versuchen am häufigsten würfeln wirst.

Meine Vermutung: ....

Würfle nun 20-mal. Schreibe deine Ergebnisse auf und überprüfe deine Vermutung.

Schreibe auf: War deine Vermutung richtig oder falsch? Begründe.

....

....

Üben 2 Die Vereinsfarben eines Schwimmvereins sind Blau, Weiß und Rot. Die drei Farben sollen alle in der Fankleidung von Franz und seinen Freunden vorkommen. Franz hat sich bereits eingekleidet. Wie können sich seine Freunde anziehen, wenn sich jeder in einem Teil von den anderen unterscheiden will? Male die Kleidung der Kinder entsprechend an.

Üben 3 Cornelius hat 10 schwarze, 8 blaue, 6 rote und 6 weiße einzelne Socken in seiner Kommode. Um seine Schwester nicht zu wecken, greift er morgens immer im Dunkeln in die Sockenschublade.
Wie oft muss Cornelius höchstens in die Schublade greifen, um ein passendes Paar Socken anziehen zu können?

Antwort: ....

Schatzsuche

Extrarunde

Unter welchem Karton ist der Schatz versteckt? Der Schatz liegt nicht unter einem roten Karton. Er liegt auch nicht zwischen zwei Kartons, auf denen eine gerade Zahl steht. Er liegt unter einem Karton, der zwischen zwei anderen Kartons steht.

Bist du fit? Können

Kannst du Daten richtig in Diagramme übertragen?

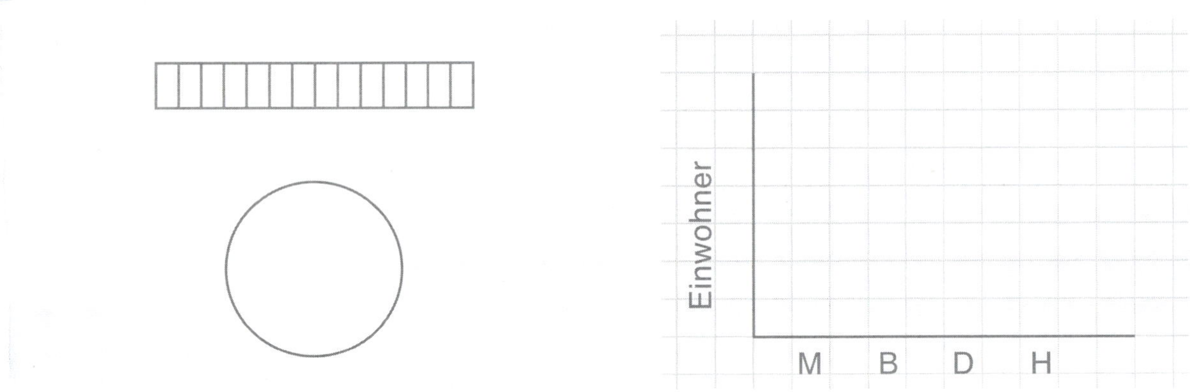

Überlege:

- In welchem Diagramm kannst du die Daten am übersichtlichsten darstellen?
- Danach prüfst du, ob du die Daten unverändert übertragen kannst.
- Wenn das nicht geht, dann überlegst du, wie du die Daten darstellen kannst.
- Du verwendest einen geschickten Maßstab.
- Du rechnest die Daten mit dem gewählten Maßstab um.
- Du überträgst die Daten in das Diagramm.

Übertrage die Daten in die Diagramme in der Trainingskarte.

Streifendiagramm:

Klassensprecherwahl der Klasse 4d					
Frank	Susi	David	Paula	Lisa	Tim
|||	||	|||	卌 |||	卌 ||	卌

Säulendiagramm:

Einwohnerzahlen			
Mannheim	Bremen	Düsseldorf	Hannover
307 640	664 380	571 880	526 470

Kreisdiagramm:

In einer Klasse sind 24 Schüler. So kommen sie zur Schule: 12 Kinder mit dem Rad, 6 Kinder mit dem Bus, 3 Kinder zu Fuß, 3 Kinder werden gefahren.

Kannst du Daten aus Diagrammen ablesen?

Kreisdiagramm	Streifendiagramm	Säulendiagramm
Ein Viertel macht keinen Urlaub.	Von 32 Schülern sind 8 im Ballett.	Öner hat die meisten Punkte.
Ein Achtel fährt nach Italien.	Von 16 Schülern sind 3 im Turnverein.	Finja hat genauso viele wie Lina.
Die Hälfte fährt nach Spanien.	Von 32 Schülern sind 6 im Schwimmverein.	Olaf hat die meisten Punkte.
Der Rest fährt nach Griechenland.	Von 16 Schülern sind 6 in keinem Verein.	Finja hat ganz viel trainiert.

Überlege, ob du die Zahlen einfach ablesen kannst.

- Wenn das nicht geht, dann schaust du dir genau die gewählte Einheit an.
- Du rechnest die abgelesenen Daten mit der Einheit um. Du hast nun die genauen Daten.

Schau dir die Diagramme an und unterstreiche die richtigen Aussagen in der Trainingskarte.

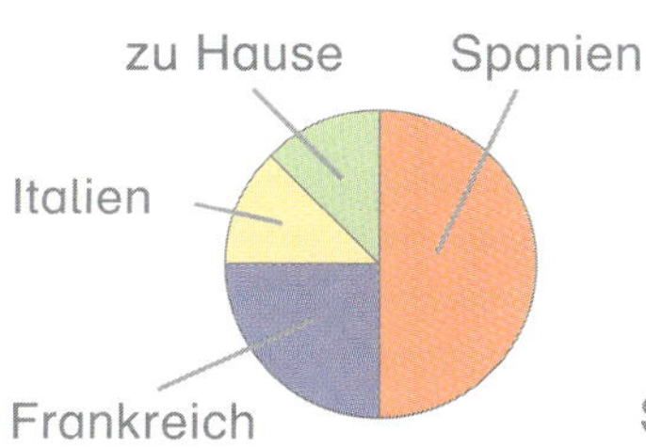

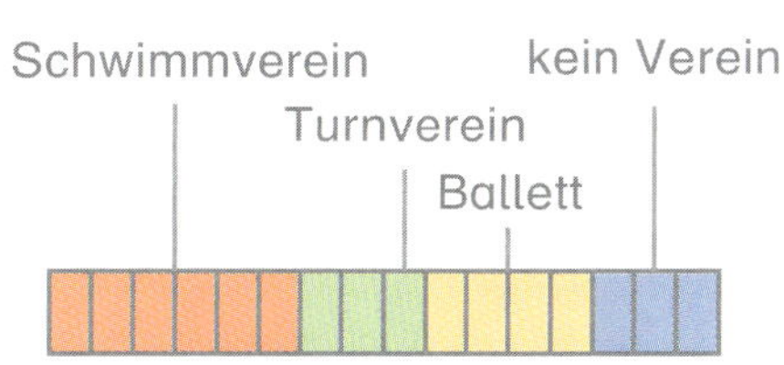

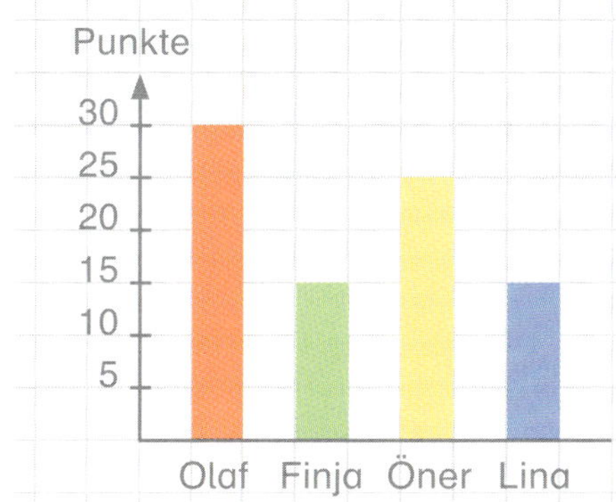

Abschlusstest

Löse zuerst alle Testaufgaben. Schreibe die Nebenrechnungen in dein Heft. Kontrolliere deine Ergebnisse im Lösungsheft.
Male zu jeder Aufgabe nach der Kontrolle die Ampel so an:

Hier ist alles richtig.

Ich habe noch einige Fehler gemacht.

Das übe ich noch einmal.

Aufgabe 1 Trage die fehlenden Zahlen ein.
Schreibe mit Ziffern.

zweihundertachtunddreißigtausendelf ....

fünfundsechzigtausendfünfhunderteins ....

dreiundzwanzigtausenddreihundertzwanzig ....

siehe Seite 8

Aufgabe 2 Verbinde die Zahlen mit ihrem Platz am Zahlenstrahl.

29 600 30 900 31 400 32 700

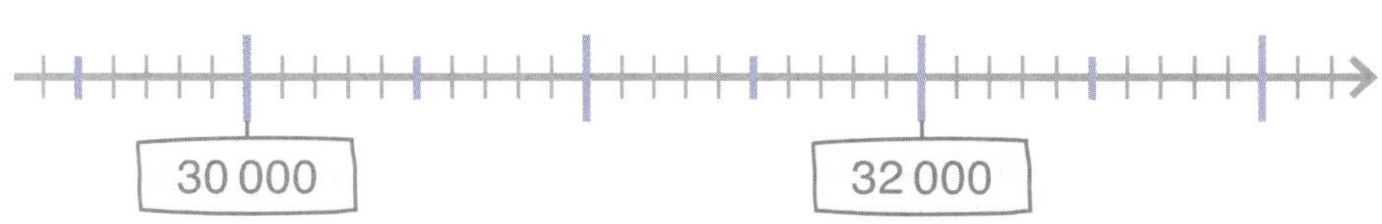

siehe Seite 11

Aufgabe 3 a) Eine fünfstellige Zahl hat an der Hunderterstelle die größte ungerade Ziffer, an der Tausenderstelle die kleinste ungerade Ziffer, an der Zehnerstelle die 5, an der Einerstelle die größte gerade Ziffer und an der Zehntausenderstelle die Hälfte der Einerstelle. Wie heißt die Zahl?

Die Zahl ist ....

b) Stelle die Ziffern so um,
dass du die größte mögliche Zahl erhältst: ....

siehe Seite 8

Aufgabe 4 Addiere und subtrahiere schriftlich.

6 5 7 9 0 7 + 3 2 9 0 8

2 3 4 8 9 0 − 8 6 7 4 3

siehe Seite 16, 20

Aufgabe 5 Finde durch den Überschlag das Ergebnis der Aufgabe. Verbinde Aufgabe und passende Lösung.

3 957 · 8 | 11 639 · 9 | 2 105 : 5 | 77 100 : 12

31 656 | 180 897 | 6 425 | 176 | 104 751 | 421

siehe Seite 14

Aufgabe 6 Berechne die fehlenden Zahlen.

7	2		8	·		4	
				0	8		
				8		2	
					1		

2		4		:	8	=	3		5
	4								
	0	4							
		4							
			0						

siehe Seite 24, 32

Aufgabe 7 Setze die Reihe bis zur 5. Mauer fort.

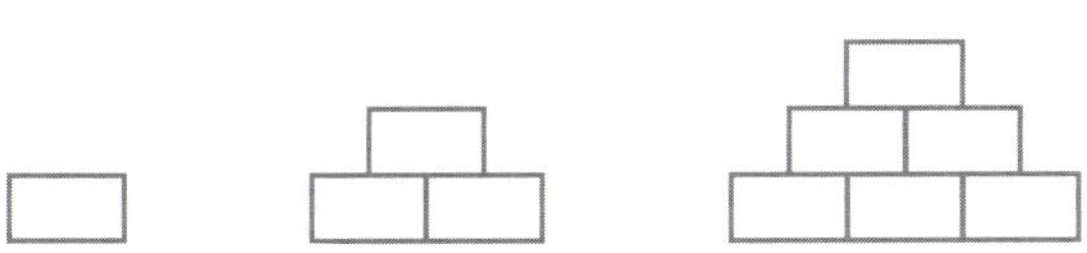

Die 8. Mauer besteht aus .... Steinen.

siehe Seite 56

Aufgabe 8 Trage die fehlenden Zahlen ein und schreibe die Regel auf.

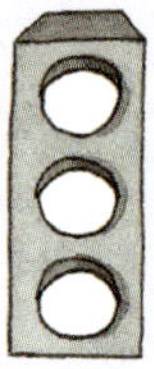

6 050, 6 100, 5 900, 5 950, ..., ..., ... Regel: ....

20, 60, 180, ..., ..., ..., ... Regel: ....

siehe Seite 60

Aufgabe 9 Der Fernseher verursacht in Standby-Schaltung Stromkosten von 0,12 ct in der Stunde. Berechne die Stromkosten in der Tabelle.

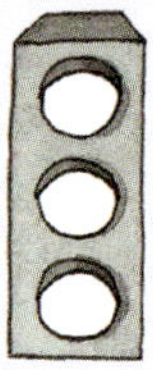

Dauer	1 h	$6\frac{1}{2}$ h	$13\frac{1}{4}$ h	1 Tag	1 Woche
Stromkosten					

In einer Kleinstadt sind 8 000 Fernseher täglich 10 Stunden auf Standby geschaltet.
Wie viel € könnten hier insgesamt eingespart werden?

Antwort: Es könnten .... € gespart werden.

siehe Seite 70, 72

Aufgabe 10 Timo möchte sich ein neues Handy zulegen.
Er bekommt zwei verschiedene Angebote:

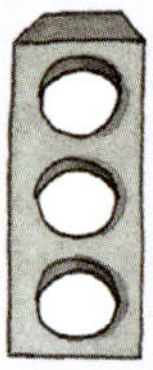

Angebot 1: Grundpreis 4,99 €/Monat, Gespräche 0,19 € pro Minute, SMS 0,39 €

Angebot 2: Grundpreis 9,99 €/Monat, 30 min kostenlos telefonieren, für jede weitere Minute 0,15 €, SMS 0,4 €

Timo telefoniert ungefähr 3 Stunden im Monat und schreibt höchstens 20 SMS.
Wie hoch sind Timos Telefonkosten ungefähr im Monat?
Für welches Angebot soll er sich entscheiden?

Angebot 1: .... € Angebot 2: .... €

siehe Seite 70, 72

Anwort: Er sollte sich für Angebot ...... entscheiden.

Aufgabe 11

Größer, kleiner oder gleich (>, <, =)? Setze die passenden Zeichen ein.

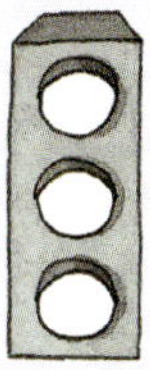

4 589 g ◯ 45 kg	12 Wochen ◯ 70 Tage
7 kg ◯ 0,750 kg	$3\frac{1}{2}$ Jahre ◯ 48 Monate
1 974 mm ◯ 1,974 m	4 h 25 min ◯ 425 min
2 cm ◯ 2 m	10 min 45 s ◯ 601 s
1,8 l ◯ 1800 ml	5 Tage 12 h ◯ 132 h
$\frac{3}{4}$ l ◯ $\frac{1}{2}$ l	5 € 34 ct ◯ 5,34 €

siehe Seite 70, 74, 78, 82, 84, 86

Aufgabe 12

Tabea soll $9\frac{1}{2}$ Stunden schlafen. Sie muss um Viertel nach sechs Uhr aufstehen. Vor dem Einschlafen will sie im Bett noch 45 min lesen. Zum Frühstücken braucht sie 20 min. Wann muss sie spätestens mit dem Lesen beginnen, um morgens ausgeschlafen zu sein?

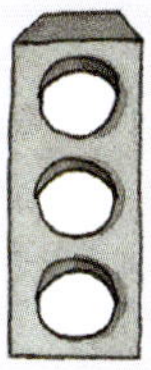

Löse mit Pfeilbild:

Antwort: ....

siehe Seite 86, 88

Aufgabe 13

Annika und Florian spielen Karten. Annika hat einen Stapel mit 9 grünen, 12 roten, 13 blauen und 7 gelben Karten gut gemischt. Florian darf aus dem Stapel Karten ziehen.

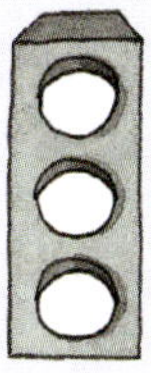

a) Wie oft muss er ziehen, um ganz sicher eine grüne Karte zu haben?

b) Wie oft muss Florian ziehen, um sicher drei unterschiedlich farbige Karten zu haben?

Antwort: a) .... b) ....

siehe Seite 100

Aufgabe 14 Runde die Mitgliederzahlen der Vereine auf die Zehntausenderstelle und übertrage sie in ein Balkendiagramm.

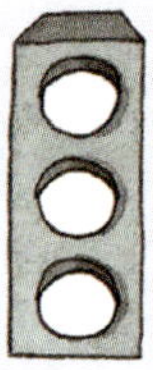

Verein	Anzahl der Mitglieder	gerundete Mitgliederzahl
Fußballverein	534 978	
Schwimmverein	345 099	
Turnverein	409 751	
Tennisverein	190 586	

1 mm entspricht 10 000 Mitgliedern.

Fußballverein:

Schwimmverein:

Turnverein:

Tennisverein:

siehe Seite 12, 94, 95

Aufgabe 15 Zeichne mit dem Geodreieck ein Quadrat mit der Seitenlänge 4 cm und unterteile das Quadrat in Zentimeterquadrate.
Zeichne dann ein Rechteck mit dem gleichen Flächeninhalt (in Zentimeterquadraten). Ist der Umfang auch gleich? Berechne.

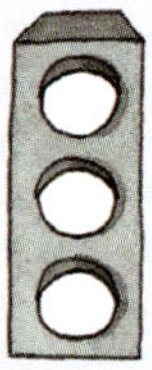

siehe Seite 42, 48

F = ... U = ...   F = ... U = ...

Aufgabe 16 Betrachte die Figuren und kreuze an.

A 

B 

Figur A ist ☐ achsensymmetrisch ☐ drehsymmetrisch.

Figur B ist ☐ achsensymmetrisch ☐ drehsymmetrisch.

Spiegle nun an der Achse.

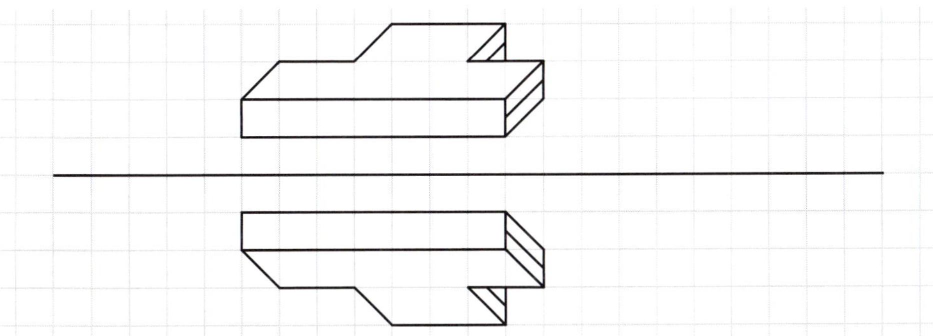

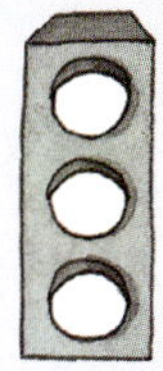

➲ siehe Seite 52

Aufgabe 17 Färbe die gegenüberliegenden Seiten im Würfelnetz gleich ein.

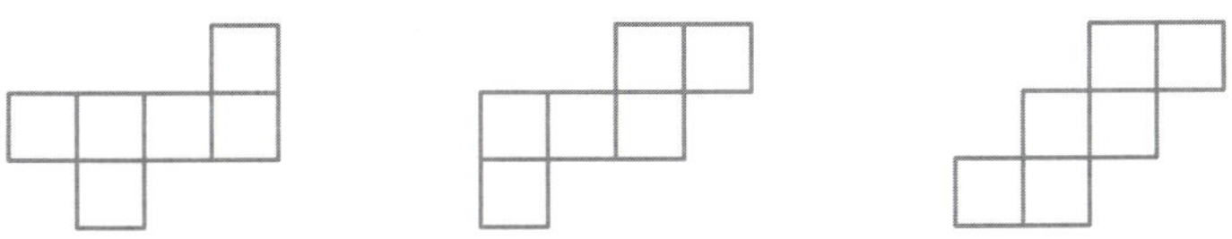

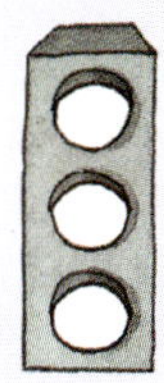

➲ siehe Seite 46

Aufgabe 18 Welche Würfelbauten sind gleich?

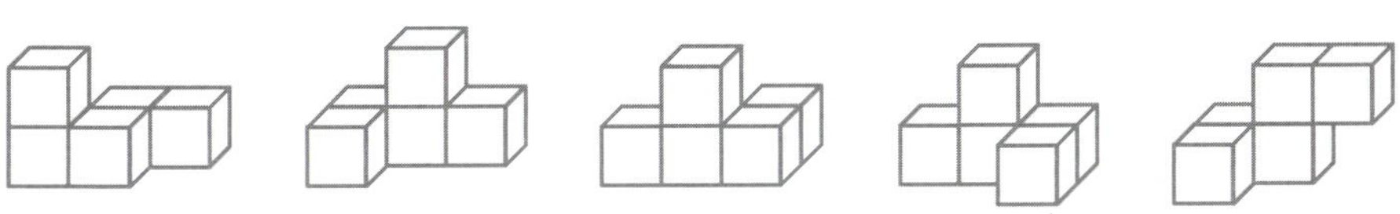

A B C D E

➲ siehe Seite 50

Dein Ergebnis bei den 18 Aufgaben:

Fachbegriffe

E Einer
Z Zehner
H Hunderter
T Tausender
ZT Zehntausender
HT Hunderttausender
M Million

M	HT	ZT	T	H	Z	E
		4	8	3	7	0
	8	3	7	0	3	6
1	0	0	0	0	0	0

$<$ ist kleiner als $3 < 4$
$>$ ist größer als $4 > 3$
$=$ gleich $4 = 4$

+ Addition/plus
addieren, zusammenzählen, hinzufügen

$6 + 3 = 9$

Summand + Summand = Summe

– Subtraktion/minus
subtrahieren, abziehen, wegnehmen

$9 - 3 = 6$

Minuend – Subtrahend = Differenz

· Multiplikation/mal
multiplizieren, malnehmen

$6 \cdot 2 = 12$

Faktor · Faktor = Produkt

: Division/geteilt durch
dividieren, teilen

$12 : 2 = 6$

Dividend : Divisor = Quotient

Fachbegriffe

Geometrie

Gerade | Strecke | Strahl | parallel | senkrecht | rechter Winkel

Ebene Figuren

Kreis

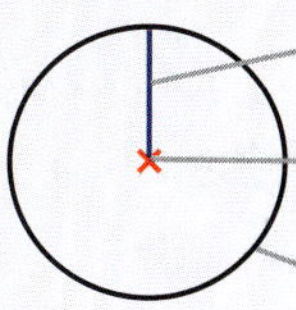

Vielecke

Fünfeck | Sechseck | Achteck

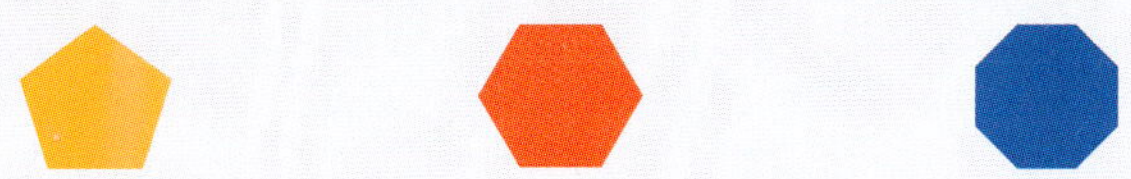

Vierecke

Rechteck | Quadrat

Dreiecke

rechtwinkliges Dreieck

Körper

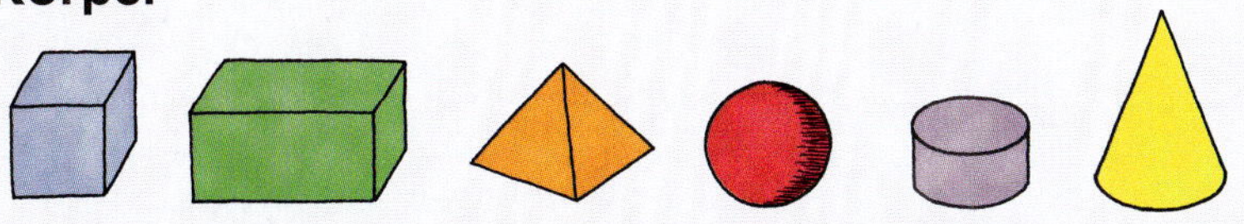

Würfel | Quader | Pyramide | Kugel | Zylinder | Kegel

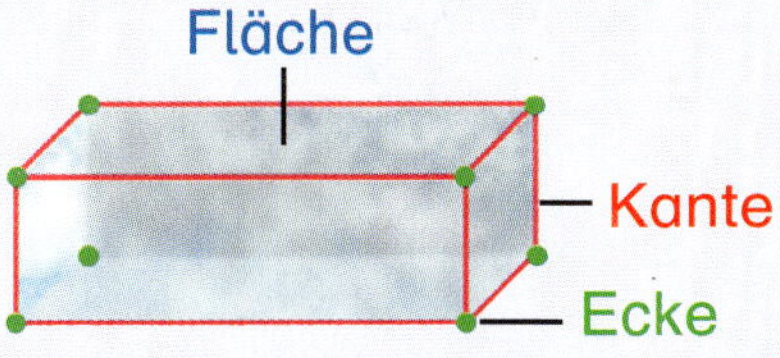

Netze

Würfelnetz

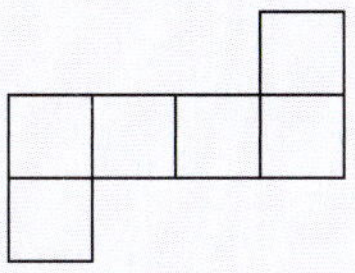

Quadernetz

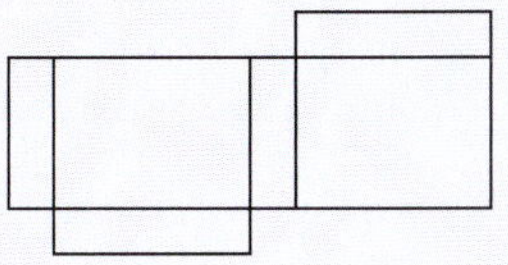

Symmetrie

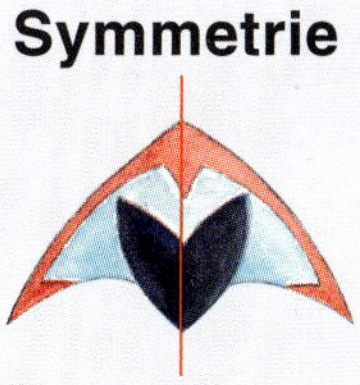

achsen-
symmetrische
Darstellung

dreh-
symmetrische
Darstellung

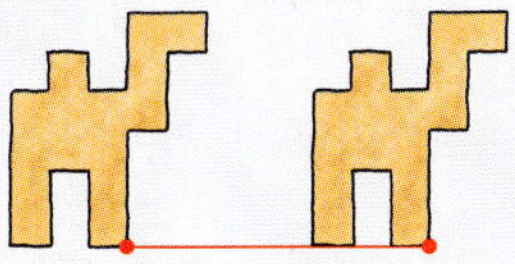

Schiebe-
symmetrie

Maßeinheiten

Geld

Euro	**€**	
Cent	**ct**	1 € = 100 ct

3 € 75 ct = 3,75 €
60 ct = 0,60 €

Längen

Kilometer	**km**	1 km = 1 000 m
Meter	**m**	1 m = 100 cm
Zentimeter	**cm**	1 cm = 10 mm
Millimeter	**mm**	

1 m 25 cm = 125 cm
250 m = 0,25 km

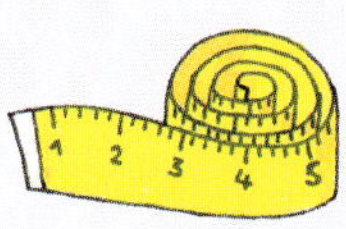

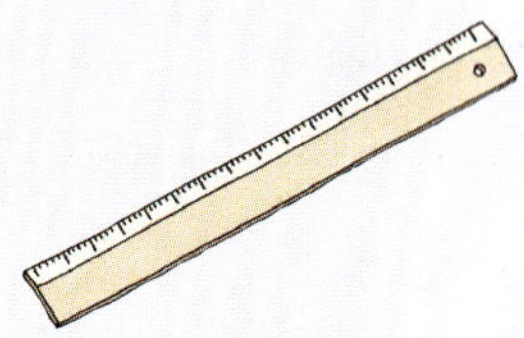

Gewichte

Tonne	**t**	1 t = 1 000 kg
Kilogramm	**kg**	1 kg = 1 000 g
Gramm	**g**	

725 g = 0,725 kg
250 kg = 0,25 t

Zeit

Stunde	**h**	1 h = 60 min
Minute	**min**	1 min = 60 s
Sekunde	**s**	

1 h 30 min = 90 min
1 min 40 s = 100 s